计算机基础课程系列教材

计算思维导论
实验与习题指导
第2版

吕橙 万珊珊 郭志强 ●编著

机械工业出版社
CHINA MACHINE PRESS

本书是《计算思维导论　第2版》的配套实验和习题指导，包括实验部分、习题部分和习题参考答案三部分，内容覆盖计算机基础知识、进制转换、计算机原理与硬件组装、局域网的组建与配置、数据库设计与应用、逻辑推理、算法设计与问题求解、数据分析与数据挖掘、计算机新技术等。

本书适合选用了《计算思维导论　第2版》的非计算机专业本科生，以及对计算思维感兴趣的读者阅读参考。

图书在版编目（CIP）数据

计算思维导论实验与习题指导 / 吕橙，万珊珊，郭志强编著．—2版．—北京：机械工业出版社，2023.8

计算机基础课程系列教材

ISBN 978-7-111-73467-3

I. ①计…　II. ①吕…②万…③郭…　III. ①电子计算机 – 高等学校 – 教学参考资料　IV. ① TP3

中国国家版本馆CIP数据核字（2023）第124833号

机械工业出版社（北京市百万庄大街22号　邮政编码100037）
策划编辑：姚　蕾　　　责任编辑：姚　蕾
责任校对：龚思文　张　征　　责任印制：单爱军
北京联兴盛业印刷股份有限公司印刷
2023年8月第2版第1次印刷
185mm×260mm · 11.25印张 · 282千字
标准书号：ISBN 978-7-111-73467-3
定价：49.00元

电话服务　　网络服务
客服电话：010-88361066　机　工　官　网：www.cmpbook.com
　　　　　010-88379833　机　工　官　博：weibo.com/cmp1952
　　　　　010-68326294　金　　书　　网：www.golden-book.com
　机工教育服务网：www.cmpedu.com

前　言

本书是《计算思维导论　第2版》的配套实验和习题指导，包括实验部分、习题部分和习题参考答案，可供学生进行练习，以便巩固所学的知识。同时，本书也利于教师开展教学工作。

本书以价值引领、学科渗透、专业融入和思维拓展为目标，围绕《计算思维导论　第2版》进行实验和习题的设计。本书较上一版有较大的改动：内容增多，包含21个实验，比上一版增加了8个，习题数量也大幅增加；与时俱进，根据当前计算思维相关技术和工具的发展，对实验部分和习题部分的内容进行了更新，譬如经典算法和Python程序的设计、网络服务和应用实验、数据挖掘常用算法实验以及计算机新技术实验；侧重两性一度，将高阶性、创新性和挑战度融入本书的内容设计，譬如每种技术的实验中增加一个开放式的综合实验，培养学生解决复杂问题的综合能力和计算思维，鼓励学生以创新性的方式解决问题，并通过不同难度的任务激发学生的挑战欲；注重专业结合，譬如设计了水泵扬程、专业引航员数据库、领域知识数据挖掘的实验，激发学生对专业的探索热情和热爱；融入思政，譬如实验设计中加入冬奥会背景、社区志愿者、信息安全、国家安全等，培养学生的社会主义核心价值观。

本书实验1-1介绍计算思维的概念，实验1-2用于培养学生系统设计的思想。实验2-1使学生了解进制转换、字符编码和中文编码等相关知识，实验2-2使学生了解十进制BCD码的各种编码方法并能应用到生活中。实验3-1让学生熟悉计算机的硬件系统，实验3-2使学生了解计算机硬件并学会配置与组装计算机。实验4-1～实验4-3设计了不同难度的算法实验，实验4-4利用情景式实验使学生掌握Python程序设计和主要算法的应用。实验5-1和实验5-2分别设计了混合局域网和常用的网络服务实验，实验5-3设计了网络安全和攻防演练实验，用于提高学生的网络安全意识和防护能力。实验6-1让学生完成指定内容的MySQL数据库的创建和使用，实验6-2让学生通过调研创建领域相关数据库，提高学生使用数据库的能力。实验7-1使学生掌握命题符号化，以及基本的推理理论，并能利用真值表、等值演算等方法进行简单的逻辑推理，实验7-2让学生通过逻辑推理题目设计、题目推理和推理评判流程牢固掌握逻辑推理相关知识。实验8-1和实验8-2使学生掌握数据的初步分析和预处理知识，并能使用数据挖掘模型解决问题，实验8-3引入scikit-learn，使学生通过数据挖掘中所有环节的设计，形成对专业领域数据挖掘应用的初步认知。实验9-1让学生调研计算机新技术和专业的结合情况，培养学生在专业问题求解中应用计算机新技术的思维能力。

为便于教学，我们制作了教学幻灯片，以及实验部分和习题部分所需的原始素材与试读文档。使用本教材的单位或个人如有需要，可与作者联系，email地址为lvcheng@bucea.edu.cn。

由于时间仓促，加之作者水平有限，书中难免有不足之处，恳请读者批评指正。

目　录

实 验 部 分

实验 1-1　初识计算思维

一、实验目的

（1）了解计算思维的概念、特征和本质等基础知识。

（2）了解计算机的发展简史。

（3）掌握使用 Word 录入文字、绘制基本图形和表格的方法。

二、实验要求

创建一个 Word 文档，将文件命名为“班级—学号—姓名—实验 1-1”。其中，文件命名中的班级、学号、姓名需替换成学生的个人信息。将本实验完成的内容整理到 Word 文档中。

三、实验内容

1. 查阅资料，完成下述填空题。

（1）周以真 2012 年微软亚洲教育峰会主题报告提出计算思维的概念，周以真教授认为“在 21 世纪中叶世界上每个人都拥有计算思维的基本能力，计算思维将是一项最基本的技能，就像__________、__________和__________一样。”

（2）计算思维的本质是__________和__________。

（3）冯·诺依曼参与研制的计算机是__________，而图灵研制的计算机称为__________。

（4）1952 年中国数学家__________回国后，组建了中国第一个计算机研究三人小组。1958 年 8 月中国第一台计算机__________研制成功。

（5）信息时代的灵魂是计算机，而计算机的灵魂是__________。

2. Word 基本操作。

（1）绘制图 1-1 所示的学生信息管理系统 E-R 图。

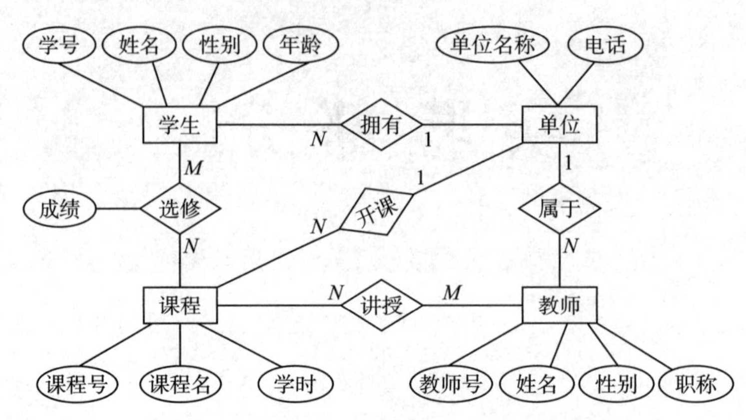

图 1-1　学生信息管理系统 E-R 图

【提示】以 Microsoft Word 2021 为例。在 Word 界面中，单击“插入”选项卡，在“插图”选项组的“形状”下拉菜单中选择最下方的“新建画布”，在 Word 文档编辑窗口中通过拖曳，绘制大小适合的画布。再利用“形状”下拉菜单中的图形完成绘图。

图 1-1 中形状内的文字可以通过双击形状或右击形状选择“编辑文字”的方式，将光标定位到形状内部，输入文字。形状外的文字，可以利用“插入”选项卡中“文本”选项组中的“文本框”，绘制文本框，输入文字。

除 Microsoft Word 软件外，还可以借助一些绘图软件绘制流程图。如 Office Visio 是 Office 软件系列中负责绘制流程图和示意图的软件。该软件提供了多种图表，如业务流程图、软件界面、网络图、工作流图表、数据库模型和软件图表等，有助于用户直观地记录、设计和完全了解业务流程和系统的状态。Edraw 也是一种功能强大的专业图形图表设计软件，它提供了思维导图、信息图、组织架构图、网络拓扑图、户型图、电路图等 260 多种绘图类型。

（2）绘制表 1-1 所示的逻辑推理图。

表 1-1　逻辑推理图

凶手		甲	乙	丙	丁
P	Q	$\neg P$	$P \vee Q$	$Q \to \neg P$	$P \wedge Q$
0	0	1	0	1	0
0	1	1	1	1	0
1	0	0	1	1	0
1	1	0	1	0	1

【提示】在 Word 窗口中，单击“插入”选项卡，在“表格”选项组的“表格”下拉菜单中框选“表格”的行列数目，绘制表格。也可以在“表格”下拉菜单下选择“插入表格”，指定表格的行数、列数等信息，绘制“表格”。还可以在“表格”下拉菜单下选择“绘制表格”，根据个性化的需要，绘制表格。

表格中的特殊符号，可以通过“插入”选项卡中的“符号”选项组完成，可以利用“公式”或“符号”下拉菜单中的选项完成。

（3）绘制求 $\frac{1}{1}+\frac{1}{3}+\frac{1}{5}+\dots+\frac{1}{99}$ 的算法流程图，参考图 1-2 实现。图中圆圈符号是连接标志，用来表示流程图的持续。

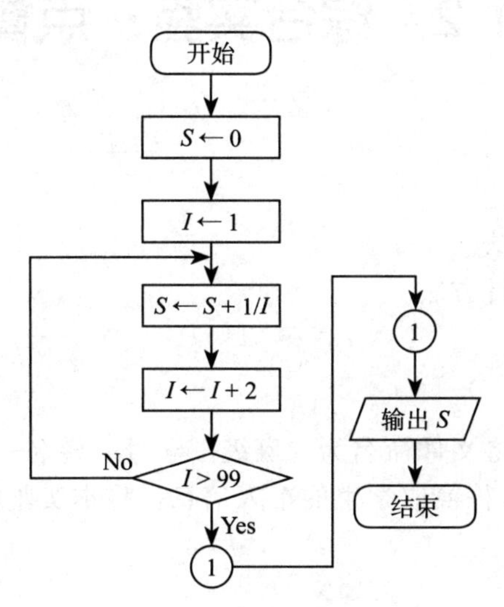

图 1-2 算法流程图

实验 1-2　综合实验：点餐系统

一、实验目的

（1）了解计算思维的应用。

（2）了解系统工程的方法。

（3）了解软件模块化设计方法。

二、实验要求

创建一个 Word 文档，将文件命名为“班级—学号—姓名—实验 1-2”。其中，文件命名中的班级、学号、姓名需替换成学生的个人信息。将本实验完成的内容整理到 Word 文档中。

三、实验内容

2022 年北京冬奥会的智慧餐厅满满的黑科技。步入餐厅后，扫描餐桌上的二维码现场点餐或提前通过手机点餐之后，空无一人的厨房里，机器人厨师就会开始制作，并通过餐厅上方的透明玻璃轨道，将制作好的菜品运送给就餐者，就餐者只需要在座位上坐等美味“从天而降”。这些黑科技离不开智能点餐系统。

参考以下需求分析片段设计智能点餐系统。另外，建议自己查阅资料，增补需求分析。例如，可以加入外带 / 自取、骑手送餐等模块。

需求分析片段参考内容：

（1）除现场点餐外，支持线上订餐、选餐、结算。

（2）订单过程全跟踪。

（3）进、销、存数据实时更新。

（4）客户偏好分析和菜品推荐。

（5）营养指数提示和营养餐搭配提示。

（6）满意度评分和菜品排行榜。

（7）留言管理。

（8）其他。

要求实现以下内容：

（1）命名该智能点餐系统。

（2）画出系统模块图。

（3）描述模块包含的主要功能，实现这些功能需要用到的主要技术、方法或工具。

其中系统模块图的格式参考图 1-3。

模块分析举例如下：

“查看菜品”模块包括“招牌菜品”“折扣菜品”“您喜欢的”“销量排行”和“口味筛选”

等。其中“您喜欢的”用到数据挖掘方法，“销量排行”用到排序算法，“口味筛选”用到逻辑推理。

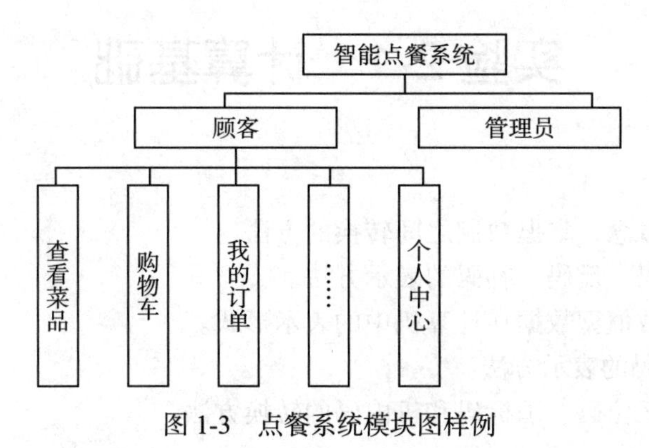

图 1-3　点餐系统模块图样例

实验 2-1　计算基础

一、实验目的

（1）理解数制的概念，掌握数制之间转换的方法。

（2）掌握数的原码、反码、补码的表示方法。

（3）理解字符和数值型数据在计算机中的表示形式。

（4）掌握 ASCII 码的表示方法。

（5）理解汉字的区位码、国标码和机内码的转换方法。

二、实验要求

创建一个 Word 文档，将文件命名为“班级—学号—姓名—实验 2-1”。其中，文件命名中的班级、学号、姓名需替换成学生的个人信息。将本实验完成的内容整理到 Word 文档中。

三、实验内容

1. 其他进制转换成十进制。

（1）$(10011)_B=(\quad)_D$

（2）$(101101.101)_B=(\quad)_D$

（3）$(167.2)_O=(\quad)_D$

（4）$(1C4.E)_H=(\quad)_D$

2. 十进制转换成其他进制。

（1）$(23)_D=(\quad)_B$

（2）$(0.125)_D=(\quad)_H$

（3）$(0.7875)_D=(\quad)_O$

（4）$(321.723)_D=(\quad)_O=(\quad)_H$

（5）$(726)_D=(\quad)_O=(\quad)_H$

3. 二进制、八进制、十六进制转换。

（1）$(475.2)_O=(\quad)_B$

（2）$(A2D.07)_H=(\quad)_B$

（3）$(11011011110111.110001)_B=(\quad)_O=(\quad)_H$

4. 将十进制数 $(0.562)_D$ 转换成误差 ε 不大于 2^{-6} 的二进制数。

$(0.562)_D=(\quad)_B$

【提示】用“乘 2 取整”法，结果至少保留 6 位小数。

5. 使用权值拼凑法，将十进制数 2023 转化成二进制数。

$(2023)_D=(\quad)_B$

【提示】根据二进制的权值（如一个字节的从高到低的各位权值依次是 128,64,32,16,8,

4，2，1），拼凑出 2023 的值，实现转化。

6. 将下列一组数按照从小到大的顺序排列。

$(11011001)_B$　$(135.6)_O$　$(27)_D$　$(3AF)_H$

【提示】将数转换到同一个进制中（如十进制），然后比较。

7. 完成以下二进制数的算术运算和逻辑运算。

（1）算术运算：1101+1010 =(　　)

1110−1011 =(　　)

1101 × 1010 =(　　)

（2）逻辑与运算：1101 AND 1010 =(　　)

（3）逻辑或运算：1101 OR 1010 =(　　)

（4）逻辑非运算：NOT 1001 =(　　)

（5）逻辑异或运算：1101 XOR 1010 =(　　)

8. 根据 IEEE 754 标准，给出十进制浮点数 32.625 在计算机中的表示。假定 1 个单精度浮点数用 4 个字节来表示。

9. 原码、反码和补码的转换。

已知 x=+1100110, y=−1100111，分别求出 x 和 y 的原码、反码和补码。

10. 给出以下字符的 ASCII 码形式以及对应的十进制。

（1）空格　（2）A　（3）a　（4）B　（5）b　（6）0　（7）9

11. 写出下列布尔表达式的值。

（1）'B' >'0'AND 'B'< '9'OR 'B'>= 'A'AND 'B'<='Z'

（2）'B' >=' 'OR'b'<= 'B' AND '0' >= ' ' OR 'a' <= 'A'

12. 设 A=2，B=3，C=4，D=5，写出下列布尔表达式的值。

（1）A <= B AND C >= D OR A + B >= D

（2）NOT 2 * A <= C OR A + C>= B + D AND B = A + C

（3）A XOR B < C OR NOT D AND A < D

13. 已知汉字“中”存放于第 54 区的第 48 位，给出“中”的区位码、国标码和机内码。

实验 2-2　综合实验：编码与密码

一、实验目的

（1）了解常用的十进制编码方法。

（2）掌握常用的十进制编码规则。

（3）熟练应用常用编码规则进行密码设计。

二、实验要求

创建一个 Word 文档，将文件命名为“班级—学号—姓名—实验 2-2”。其中，文件命名中的班级、学号、姓名需替换成学生的个人信息。将本实验完成的内容整理到 Word 文档中。

三、实验内容

1. 完成十进制 0 ～ 9 的常用编码表示。将结果填入表 2-1 中，并将表 2-1 存入 Word 文档中。

表 2-1 十进制 0 ～ 9 的编码

十进制	二进制	8421 码	5421 码	2421 码	余 3 码
0					
1					
2					
3					
4					
5					
6					
7					
8					
9					

【提示】BCD 码也称二进码十进数，BCD 码可分为有权码和无权码两类。其中，常见的有权 BCD 码有 8421 码、2421 码、5421 码，常见的无权 BCD 码有余 3 码、格雷码、余 3 循环码。有权 BCD 码就是四位二进制数中每一位数码都有确定的位仅值，若把这四位二进制码按权展开，就可求得该二进制码所代表的十进制数。

（1）8421 码。在这种编码方式中，每一位二值代码的“1”都代表一个固定数值。将每位“1”所代表的二进制数加起来就可以得到它所代表的十进制数。因为代码中从左至右看每一位“1”分别代表数字“8”“4”“2”“1”，故得名 8421 码。因为每位的权都是固定不变的，所以 8421 码是恒权码，也称有权 BCD 码。与四位自然二进制码不同的是，它只选用了四位二进制码中前10组代码，即用0000～1001分别代表它所对应的十进制数，余下的六组码不用。

（2）5421码。5421码是一种有权码，它各位的权值依次为5、4、2、1。由于对某些十进制数，转换为5421码时存在两种加权方法，所以5421码的编码方案不是唯一的。例如，十进制的6转换为5421码可以是1001或者0110。设定5421码的禁止码是0101、0110、0111、1101、1110、1111。如出现禁止码，系统不认识，将产生错误。

（3）2421码。2421码是一种有权码，它各位的权值依次为2、4、2、1。2421码是一种对9的自补代码，即每一个2421码只要与自身按位取反，便可得到该数按9的补数的2421码，比如4的2421码0100自身取反后就变为了1011，即5的2421码。2421码可以给运算带来方便，因为可以利用其对9的补数将减法运算转变为加法运算。与5421码类似，考虑两种加权方法的存在，设定2421码的禁止码是0101、0110、0111、1000、1001、1010。

（4）余3码。余3码是8421码的每个码组加3（即0011）形成的。余3码是一种无权码。余3码的特点是：当两个十进制数的和是10时，相应的二进制编码正好是16，于是可自动产生进位信号，而不需要修正。0和9, 1和8,…, 5和4的余3码互为反码，这利于求对10的补码。余3码也是一种对9的自补代码，因此可给运算带来方便。其次，在将两个余3码表示的十进制数相加时，能正确产生进位信号，但对“和”必须修正。修正的方法是：如果有进位，则结果加3；如果无进位，则结果减3。余3码的禁止码是0000、0001、0010、1101、1110、1111。

（5）格雷码。在一组数的编码中，若任意两个相邻的代码只有一位二进制数不同，则称这种编码为格雷码，另外由于最大数与最小数之间也仅一位数不同，即“首尾相连”，因此又称循环码或反射码。格雷码的重要特征是一个数变为相邻的另一个数时，只有一个数据位发生跳变，由于存在这种特点，就可以避免电路中出现亚稳态而导致数据错误，从而降低了电路出错的概率，实际很多场合也用到了格雷码。例如0～9的4位格雷码可以为0000、0001、0011、0010、0110、0111、0101、0100、1100、1101。

（6）余3循环码。余3循环码是在余3码的基础上，进行求格雷码的异或运算得到的。即首位与余三码相同，然后依次两两比对余三码相邻两位二进制，如果相同就取0，如果不同就取1。例如余3码0011转换为余3循环码的规律：首位不变还是0，对比0和0相同，余3循环码为0，0和1不同，余3循环码取1，1和1相同，余3循环码取0，所以余3码0011的余3循环码就是0010。余3循环码是变权码，每一位的1并不代表固定的数值。

2. 我的安全我做主——专属密码设置。密码就像网络空间的DNA，是构筑网络信息系统免疫体系和网络信任体系的基石。于国家层面，密码直接关系国家政治安全、经济安全、国防安全和信息安全。于个人层面，人们要树立信息安全意识，保护好自己的密码就是保护自己账户的最后一道防线。如果他人知道或猜测到我们的密码，便可以访问我们的账户，阅读邮件，观看信息，窃取我们的身份信息。所以，密码安全至关重要。

安全起见，很多平台要求用户设置至少8位且包含大小写字母、数字等字符的密码，这也让很多人头疼：好不容易想出来一个密码，过几天就忘了。该如何设置自己的专属密码呢？

请结合常用的十进制编码方法，完成你的专属密码设置。要求和举例如下：

- 首先获取自己姓名拼音的首字母（小写），将其转换为ASCII对应的十进制数值。例如，张三的首字母zs，其对应的ASCII十进制数值分别为122和115。

- 将获取的十进制数值相加，得到一个十进制数。122+115=237。
- 将上述十进制数从百位开始，逐位分别转换成 8421 码、2421 码和余 3 码。数字 237 中，2 的 8421 码为 0010，3 的 2421 码为 0011，7 的余 3 码为 1010。
- 将上述得到的编码视为常规的二进制，将其转换为十进制。$(001000111010)_B=(570)_D$。
- 将姓名的大小写字母加上上述的十进制数，列出转换后的密码。例如张三的密码为 Zs570。

要求参照上述步骤将密码设计过程写入 Word 文档中。

实验 3-1　认识计算机

一、实验目的

（1）了解计算机的硬件构成。

（2）了解目前计算机硬件的主流配置。

（3）掌握计算机硬件组装的基本步骤，了解计算机组装的注意事项。

二、实验要求

创建一个 Word 文档，将文件命名为“班级—学号—姓名—实验 3-1”。其中，文件命名中的班级、学号、姓名需替换成学生的个人信息。将本实验完成的内容整理到 Word 文档中。

三、实验内容

计算机硬件信息的获取。

【要求】尽可能地获取当前所使用计算机的硬件配置信息，并将查到的信息填入表 3-1。

表 3-1　计算机硬件配置信息

部件名称	厂家型号	主要指标	部件名称	厂家型号	主要指标
显示器			声卡		
键盘			主机箱		
电源			内存		
硬盘			鼠标		
主板			显卡		
CPU			光驱		

【**提示**】可以通过以下方法获取计算机的配置信息，以 Windows 11 为例。

- 查看硬件（如键盘、鼠标、显示器、机箱等）的商标及标签。
- 右击桌面上“此电脑”的图标，在弹出的菜单中单击“属性”按钮，打开“系统”对话框。在该对话框中单击图 3-1 所示“相关内容”中的“设备管理器”，打开图 3-2 所示的窗口，可以查看相关硬件信息。
- 按下“开始”+“r”键，在“打开”文本框中输入“dxdiag”，单击“确定”(见图 3-3)，可打开图 3-4 所示的“DirectX 诊断工具”对话框。切换选项卡记录相关硬件信息。
- 在断电情况下，拆开计算机主机，查看并记录相关硬件信息。

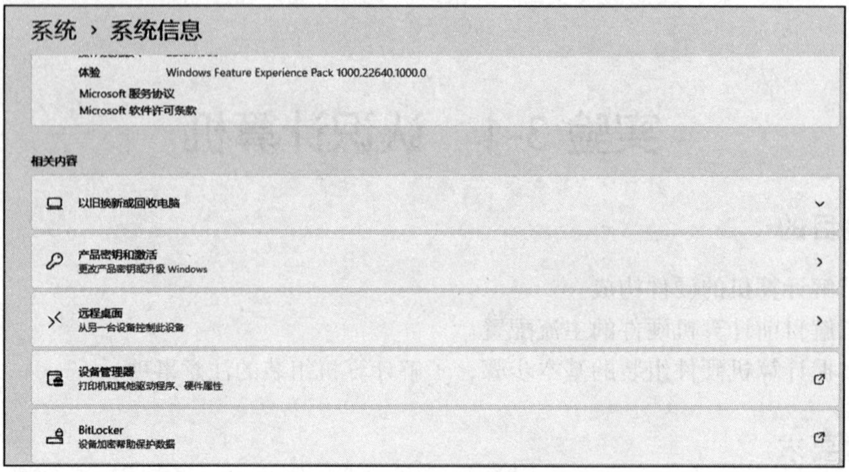

图 3-1 “系统”窗口

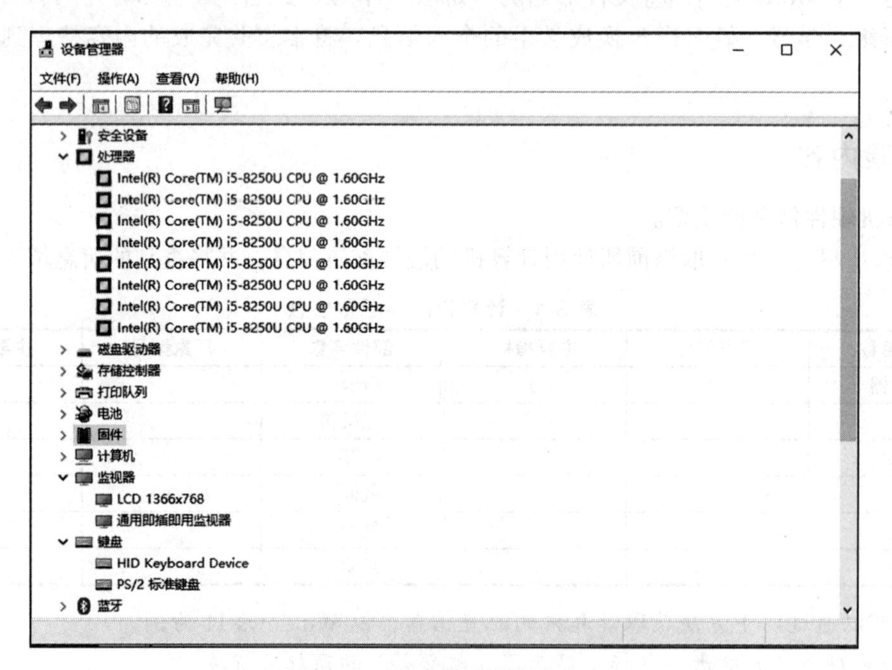

图 3-2 “设备管理器”窗口

图 3-3 “运行”对话框

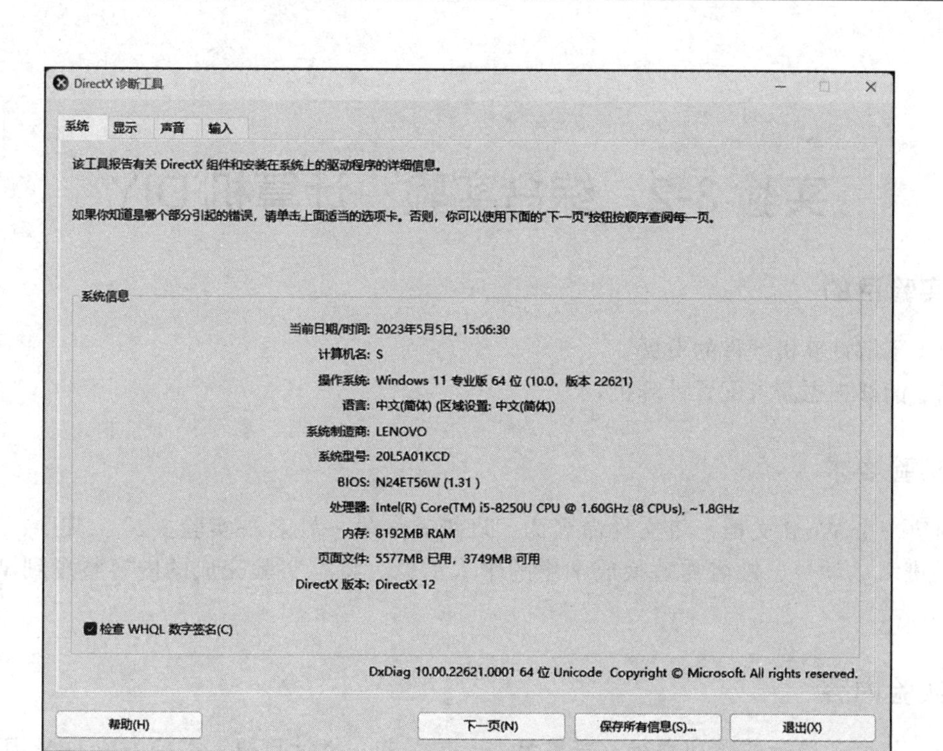

图 3-4 “DirectX 诊断工具”对话框

实验 3-2　综合实验：计算机 DIY

一、实验目的

（1）了解计算机硬件的发展。

（2）能够根据需求配置计算机。

二、实验要求

创建一个 Word 文档，将文件命名为“班级—学号—姓名—实验 3-2”。其中，文件命名中的班级、学号、姓名需替换成学生的个人信息。将本实验完成的内容整理到 Word 文档中。

三、实验内容

为了北京冬奥会的顺利举行，赛事组委会想采购一批计算机，需要完成 DIY 攒机。现要求如下：

- 分别从性价比的角度（假定资金共 5000 元）和较高配置的角度（假定资金共 15000 元）进行资料搜集，提交两个配置单。配置单中包括计算机部件的主要指标。
- 每个配置单可以参考以下部件：主板、CPU、内存、硬盘、光驱、显卡、显存、显示器、接口、机箱、电源、散热器、鼠标、键盘。
- 每一个配置单的部件参数可参照表 3-2 填写。
- 总结攒机心得。

根据用途、预算等进行模拟攒机，填写表 3-2 所示的配置单。可以参考中关村在线模拟攒机网站 https://www.zol.com.cn/、太平洋电脑网、京东商城等。

表 3-2　计算机硬件配置单

<table>
<tr><td>学校</td><td></td><td>学院</td><td></td><td>班级</td><td colspan="2"></td></tr>
<tr><td>学号</td><td></td><td>姓名</td><td></td><td>完成日期</td><td colspan="2"></td></tr>
<tr><td>攒机主要用途</td><td colspan="6"></td></tr>
<tr><td>资金预算</td><td colspan="3"></td><td>信息渠道</td><td colspan="2"></td></tr>
<tr><td colspan="7">硬件部分</td></tr>
<tr><td>配件名称</td><td>厂商</td><td colspan="3">型号和主要指标</td><td>数量</td><td>单价</td></tr>
<tr><td>主板</td><td></td><td colspan="3"></td><td></td><td></td></tr>
<tr><td>CPU</td><td></td><td colspan="3"></td><td></td><td></td></tr>
<tr><td>内存</td><td></td><td colspan="3"></td><td></td><td></td></tr>
<tr><td>硬盘</td><td></td><td colspan="3"></td><td></td><td></td></tr>
<tr><td>光驱</td><td></td><td colspan="3"></td><td></td><td></td></tr>
<tr><td>显卡、显存</td><td></td><td colspan="3"></td><td></td><td></td></tr>
<tr><td>显示器</td><td></td><td colspan="3"></td><td></td><td></td></tr>
</table>

（续）

配件名称	厂商	型号和主要指标	数量	单价
接口				
机箱				
电源				
键盘				
鼠标				
其他 1				
其他 2				
总价				

实验 4-1　算法设计与分析基础

一、实验目的

（1）掌握算法的概念、特征、基本要素等知识。

（2）掌握顺序结构、选择结构、循环结构的设计思想。

（3）掌握数组、函数（过程）的算法设计思想。

（4）掌握 Raptor 软件的使用方法，并能利用该软件完成问题求解。

二、实验要求

创建一个文件夹用来存放本实验所创建的文件，文件夹名称为“班级—学号—姓名—实验 4-1”，文件夹名称中的班级、学号、姓名需替换成学生的个人信息。

三、实验内容

1. 鸡兔同笼（顺序结构）。“鸡兔同笼”是我国古代著名趣题之一，在 1500 年前，《孙子算经》中就记载了这个有趣的问题。书中是这样叙述的：“今有雉兔同笼，上有三十五头，下有九十四足，问雉兔各几何？”这四句话的意思是：有若干只鸡兔同在一个笼子里，从上面数，有 35 个头，从下面数，有 94 只脚，那么笼中各有几只鸡和几只兔？

假设一个笼子里的鸡和兔共有 n 个头和 m 只脚，请用 Raptor 软件绘制流程图，计算到底有多少只鸡和兔。将完成的 Raptor 流程图命名为“姓名 4-1-1.rap”，保存在自己的文件夹中。

样例输入 n 和 m 分别如下：

5　16

样例输出鸡和兔的只数分别为：

2　3

【提示】设 x、y 分别为鸡和兔的只数，则，

$$\begin{cases} x+y=n & \text{①} \\ 2x+4y=m & \text{②} \end{cases}$$

解以上方程组得：

$$\begin{cases} y=1/2(m-2n) \\ x=n-y \end{cases}$$

求解该问题的伪代码如下：

```
Input n,m
y=1/2*(m-2*n)
x=n-y
Output x,y
```

2. 闰年判断（选择结构）。输入年份 year，判断该年是否为闰年。判断闰年的条件是：

年份能被 4 整除但不能被 100 整除，或者能被 400 整除。请用 Raptor 软件绘制求解该问题的算法流程图，进行闰年的判断。将 Raptor 流程图文件命名为“姓名 4-1-2.rap”，并保存在自己的文件夹中。

样例输入 1：2010

样例输出 1：2010 is an even year.

样例输入 2：2008

样例输出 2：2008 is a leap year.

【提示】 可以直接使用逻辑表达式与双分支条件结构。

求解该问题的伪代码如下：

```
Input year
If year mod 4=0 and year mod 100 !=0 or year mod 400=0 Then
   Output year is a leap year.
Else
   Output year is an even year.
End If
```

3. 九九乘法表（循环结构）。乘法口诀是中国古代筹算中进行乘法、除法、开方等运算的基本计算规则，沿用至今已有两千多年。古时的乘法口诀，是自上而下，从“九九八十一”开始，至“一一如一”止，与现在使用的顺序相反，因此古人用乘法口诀开始的两个字“九九”作为此口诀的名称，又称九九表、九九歌、九因歌、九九乘法表。请用 Raptor 软件绘制流程图，输出九九乘法表。将流程图文件命名为“姓名 4-1-3.rap”，并保存在自己的文件夹中。

样例输入：无

样例输出：

```
1*1=1
1*2=2   2*2=4
1*3=3   2*3=6    3*3=9
1*4=4   2*4=8    3*4=12   4*4=16
1*5=5   2*5=10   3*5=15   4*5=20   5*5=25
1*6=6   2*6=12   3*6=18   4*6=24   5*6=30   6*6=36
1*7=7   2*7=14   3*7=21   4*7=28   5*7=35   6*7=42   7*7=49
1*8=8   2*8=16   3*8=24   4*8=32   5*8=40   6*8=48   7*8=56   8*8=64
1*9=9   2*9=18   3*9=27   4*9=36   5*9=45   6*9=54   7*9=63   8*9=72   9*9=81
```

【提示】 使用“自顶向下，逐步求精”的设计思想进行问题求解。首先考虑一共输出 9 行。注意到每行输出乘法表达式的个数与该行的行序相等，而且第 i 行中，乘法公式的被乘数与行序也相等。例如，第 3 行输出 3 个乘法表达式，分别是 1*3=3，2*3=6，3*3=9 。

两层循环合并在一起，则伪代码如下：

```
For i=1 to 9 [step 1]
    For j=1 to i [step 1]
        Output j+"*"+i+"="+i*j
    End For
End For
```

【说明】 Raptor 软件中要实现不换行输出，需要去掉“输出”对话框中“ End current line”选项前默认的勾选，如图 4-1 所示。

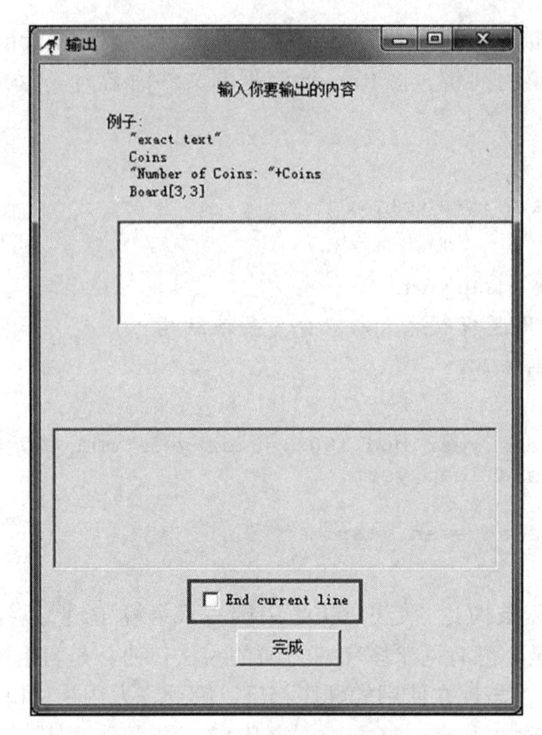

图 4-1　去除“End current line”前默认的勾选

4. 体操评分（数组）。体操比赛有 10 名评委评分，评分原则是去掉最高分与最低分，然后求剩余 8 个分数的平均值。请使用 Raptor 软件绘制流程图，输入 10 个分数并计算最终得分。将流程图文件命名为“姓名 4-1-4.rap”，并保存在自己的文件夹中。

输入时要求使用对话框输入，输入对话框如图 4-2 所示。

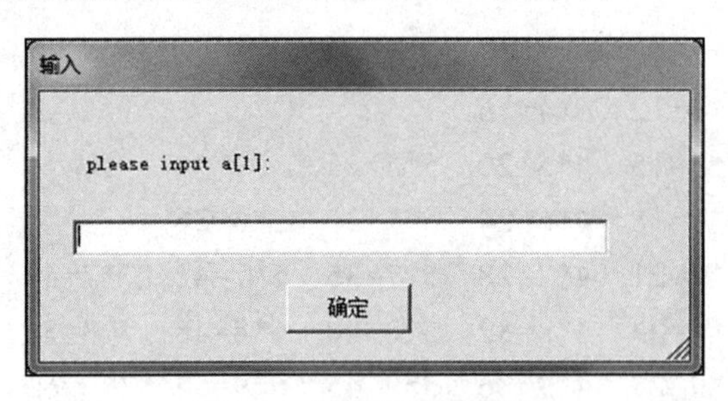

图 4-2　样例输入对话框

如输入评分为：1 2 3 4 5 6 7 8 9 10

样例输出为：final score:5.5000

【提示】求最大值或最小值的方法是“打擂台”算法。

求解该问题的伪代码如下：

```
s=0
For i=1 to 10 [step 1]  // 循环输入，并累加求和
    Input a[i]
    s=s+a[i]
End For
imax=a[1]  // 第一个数登上最大值擂台
```

```
imin=a[1]  // 第一个数登上最小值擂台
For i=2 to 10 [step 1]  // 打擂台算法
    If a[i]>imax Then  // 挑战者上台（最大值擂台），与最大值擂主进行PK，若胜利则成
                          为新擂主
        imax=a[i]
    End If
    If a[i]<imin Then  // 挑战者上台（最小值擂台），与最小值擂主进行PK，若胜利则成
                          为新擂主
        imin=a[i]
    End If
End For
avg=(s-imax-imin)/8  // 去掉最高分和最低分，计算最终得分
Output avg
```

5. 组合数（函数）。定义一个子程序（即子过程），用于求 x 的阶乘。在主调程序中输入 m 和 n 的值，调用该子程序求组合数。求组合数公式为 $\mathrm{C}_m^n = \dfrac{m!}{n!(m-n)!}$。请使用Raptor软件绘制流程图，将流程图文件命名为“姓名4-1-5.rap”，并保存在自己的文件夹中。要求使用对话框输入 m 和 n 的值，如图4-3所示。

图4-3　m 和 n 的输入对话框

如 m 和 n 分别为4，2，则样例输出为6。

【提示】

（1）在Raptor软件中，要实现调用子程序，需要将模式设置为中级，设置方法如图4-4所示。

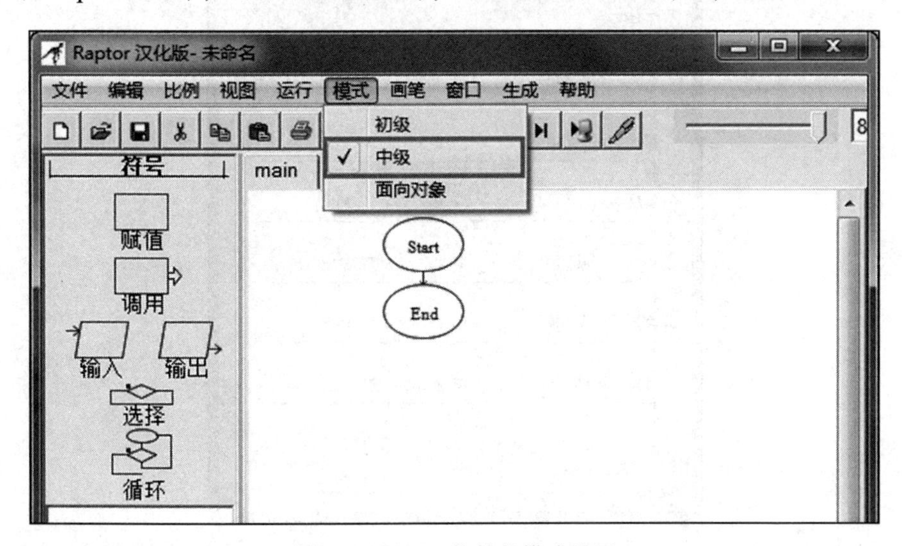

图4-4　Raptor软件的模式设置

（2）要增加一个子过程，可以在主调函数 main 选项卡上右击，从弹出的快捷菜单中选择“增加一个子程序“，如图 4-5 所示。

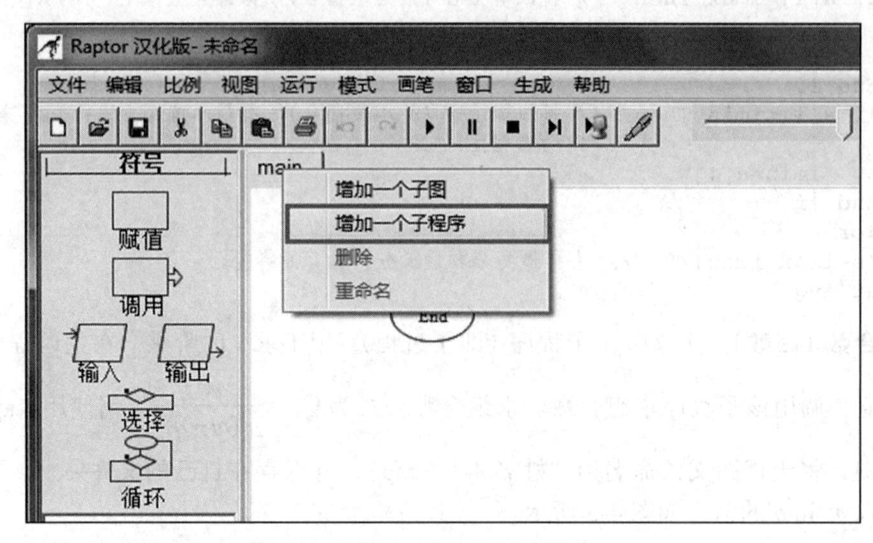

图 4-5 “增加一个子程序”快捷菜单

（3）在弹出的对话框中定义求阶乘的子程序，求阶乘子程序的名称和参数设置如图 4-6 所示。其中，子程序名称为 fact，参数 x 定义为输入参数，表示子程序要输入 x，即求 x 的阶乘，参数 y 定义为输出参数，用于保存阶乘值并返回给调用程序。

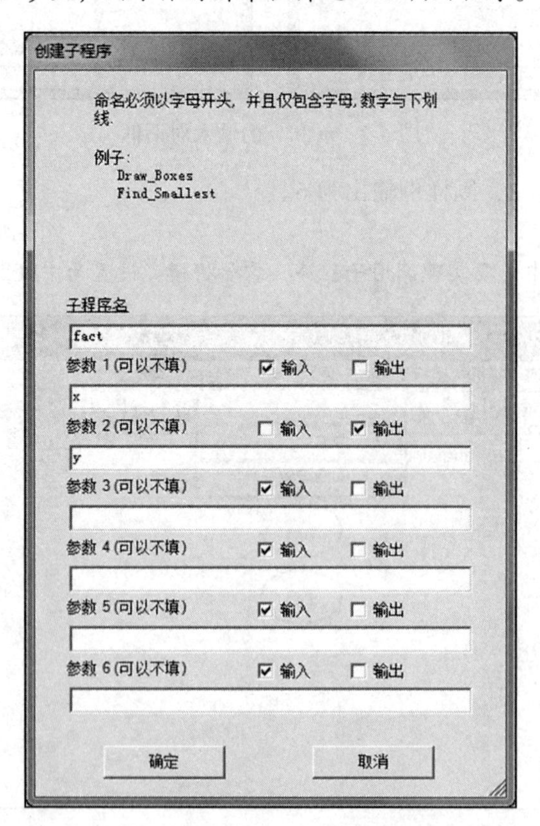

图 4-6 “阶乘”子程序设置

单击“确定”按钮，则新增一个子程序选项卡，继续在里面完善求 x 阶乘的流程图。

(4) 求解该问题的伪代码如下。

主调过程：

```
Input m, n
call fact(m,f1)
call fact(n,f2)
call fact(m-n,f3)
Output f1/(f2*f3)
```

被调过程：

```
Procedure fact(x,y)
    y=1
    For i=1 to x
    y=y*i
    End For
    y=f
End Procedure
```

实验 4-2　算法设计与分析进阶

一、实验目的

（1）掌握枚举算法的设计。

（2）掌握递推算法的设计。

（3）掌握迭代算法的设计。

（4）掌握递归算法的设计。

二、实验要求

创建一个文件夹用来存放本实验所创建的文件，文件夹名称为“班级—学号—姓名—实验 4-2”，文件夹名称中的班级、学号、姓名需替换成学生的个人信息。

三、实验内容

1. 水仙花数（枚举法）。“水仙花数”是指一个三位整数，它的各位数字的立方和等于其本身。比如：$153=1^3+5^3+3^3$。请用枚举法输出所有水仙花数，使用 Raptor 软件画出求解该问题的算法流程图。将流程图命名为“姓名 4-2-1.rap”，保存在自己的文件夹中。

样例输入：无

样例输出：153 370 371 407

【提示】

（1）水仙花数是一个三位数，所以，枚举范围应该为 $i \in [100, 999]$。

（2）水仙花数各位数字的立方和等于其本身，即约束条件为 $i=a^3+b^3+c^3$，其中 a、b、c 分别代表百位、十位、个位上的数字。

（3）需要在 [100,999] 范围内，逐一排查，搜索满足 $i=a^3+b^3+c^3$ 式子的 i。

主要函数参考如下。

百位上的数设为 a，a=floor(i/100)，即 i/100 后取整（Raptor 中的 floor 函数用于下取整，ceiling 函数用于上取整）。十位上的数设为 b，b 有两种求解方法：b=floor(i/10) mod 10 或者 b=floor((i mod 100)/10)。个位上的数设为 c，c=i mod 10。

求解该问题的伪代码如下：

```
For i = 100 to 999 [step 1]
    a=floor(i/100)
    b=floor(i/10) mod 10
    c=i mod 10
    If i=a^3+b^3+c^3 Then
        Output i
    End If
End For
```

说明：

floor(x) 函数返回小于等于 x 的最大整数。例如，floor(16/3) 的值为 5。

ceiling(x) 函数返回大于等于 x 的最小整数。例如，ceiling(16/3) 的值为 6。

2. 韩信点兵（枚举法）。相传韩信才智过人，从不直接清点自己军队的人数，他让士兵先后以 3 人一排、5 人一排、7 人一排变换队形，自己每次只看一眼队伍的排尾就知道总人数了。一次，韩信带 1500 名兵士打仗，战死四五百人，站 3 人一排，多出 2 人；站 5 人一排，多出 4 人；站 7 人一排，多出 6 人。韩信很快说出人数。现在请用枚举法计算一下韩信剩余的士兵人数。请用 Raptor 软件画出求解该问题的算法流程图，将流程图命名为“姓名 4-2-2.rap”，并保存在自己的文件夹中。

样例输入：无

样例输出：soldiers=1049

【提示】

（1）韩信带 1500 名士兵去打仗，战死四五百人，即剩下一千多人。假设用 i 表示人数，则 i 的枚举范围为 [1000,1100]。

（2）站 3 人一排，多出 2 人；站 5 人一排，多出 4 人；站 7 人一排，多出 6 人。即剩余人数除以 3，余 2 人；除以 5，余 4 人；除以 7，余 6 人。故约束条件为：`i mod 3 =2 and i mod 5 =4 and i mod 7 =6`。

求解该问题的伪代码如下：

```
For i=1000 to 1100
    If i mod 3 =2 and i mod 5 =4 and i mod 7 =6 Then
        Output "soldiers="+i
    End If
End For
```

3. 经济大恐慌（递推法）。公元 2505 年 1 月 1 日，发生了世界经济大恐慌。从那天起，物价飞涨。第 1 天一个馒头只要 1 元，第 2 天就要 3 元，第 3 天要卖 6 元，第 4 天要卖 10 元，以此类推。请问第 10 天馒头卖多少钱？请用递推法求解。使用 Raptor 软件画出求解该问题的算法流程图，将流程图文件命名为“姓名 4-2-3.rap”，并保存在自己的文件夹中。

样例输入：无

样例输出：55

【提示】

第 1 天 —— 1 元

第 2 天 —— 3 元

第 3 天 —— 6 元

第 4 天 —— 10 元

⋮

第 10 天 —— ？ 元

本题用递推法实现，根据以上过程得出递推公式为：第 i 天的钱数 = 第 $i-1$ 天的钱数 + i。设用数组 a 存储馒头的价钱，i 表示天的序号，则 $a[i]$ 表示第 i 天馒头的价钱。

求解该问题的伪代码如下：

```
a[1]=1
For i = 2 to 10 [step 1]
    a[i]=a[i-1]+i
End For
```

4. 神秘三位数（递归法、枚举法）。有这样一个 3 位数，组成它的 3 个数字阶乘之和正好等于它本身。即 $abc=a!+b!+c!$，请设计算法找出这样的 3 位数。请使用 Raptor 画出求解该问题的算法流程图，将流程图文件命名为“姓名 4-2-4.rap”，并保存在自己的文件夹中。

样例输入：无

样例输出：145

【提示】与第一题类似，要先将这个数的个位、十位、百位分解出来，然后分别求阶乘，最后求和。

求解该问题的伪代码如下。

方法 1：设计一个求阶乘的子过程，使用非递归调用实现。伪代码如下。

主调过程：

```
For i=100 to 999 [step 1]
    a=floor( i/100 )
    b=floor( i/10 ) mod 10
    c=i mod 10
    call fact(a,fa)
    call fact(b,fb)
    call fact(c,fc)
    If i =fa+ fab +fc Then
        Output i
    End If
End For
```

被调过程：

```
Procedure fact ( x , y )        //求阶乘
    f=1
    For i =1 to x
        f =f *i
    End For
    y= f
End Procedure
```

方法 2：设计一个求阶乘的子过程，使用递归调用实现。求解该问题的伪代码如下。

主调过程：代码不变，参见方法 1。

被调过程：

```
Procedure fact (x , y )
    If x=0 or x=1 Then
        y = 1
    Else
        call fact ( x -1,y1)
        y = x * y1
End Procedure
```

5. 求 $\sqrt{a}$（迭代法）。求平方根的迭代公式为 $x(n+1)=1/2(xn+a/xn)$，要求前后两次求出的 x 的差的绝对值小于 10^{-5}。请使用 Raptor 画出求解该问题的算法流程图，将流程图文件命名为“姓名 4-2-5.rap”，并保存在自己的文件夹中。

样例输入：2

样例输出：1.4142

【提示】本题含义就是用迭代法求$\sqrt{a}$，迭代公式如题。可以设一个x的初值，即$\sqrt{a}$的初始值（通常用$a/2$模拟），然后逐步迭代逼近。$x_0=a/2$，$x_1=(x_0+a/x_0)/2$, …，循环迭代。

求解该问题的伪代码：

```
Input a
x0=a/2
x1=(x0+a/x0)/2
While abs(x0-x1)>10^-5
    x0=x1;
    x1=(x0+a/x0)/2;
End While
Output "The root of"+a+"is"+x1
```

实验 4-3　算法设计与分析提升

一、实验目的

（1）掌握查找算法的设计方法。

（2）掌握排序算法的设计方法。

（3）理解分治算法的设计方法。

（4）了解贪心算法的设计方法。

二、实验要求

创建一个文件夹用来存放本实验所创建的文件，文件夹名称为“班级—学号—姓名—实验 4-3”，文件夹名称中的班级、学号、姓名需替换成学生的个人信息。

三、实验内容

1. 线性查找（查找技术）。给定 n 个整数，请在这 n 个整数中查找是否包含指定的数值，如果包含，则输出该数的位置，如果不包含，则输出未找到提示。具体输入和输出要求如下：

输入：首先输入 n，代表 n 个整数，随后输入 n 个整数，用数组 a 保存，最后输入一个数 m，表示待查找的数。

输出：该数在数组中所在的位置（如果数组 a 中有多个 m，则输出 m 第一次出现的位置即可），或输出未找到提示。

请使用 Raptor 软件画出求解该问题的算法流程图，将流程图文件命名为“姓名 4-3-1.rap”，并保存在自己的文件夹中。

样例输入 1:

6

8 6 9 3 2 7

5

样例输出 1:

not find 5

样例输入 2:

7

8 6 9 3 2 7 9

9

样例输出 2:

3

【提示】线性查找又称顺序查找，是一种最简单的查找方法，它的基本思想是从数组 a 的第一个元素开始，逐个与指定的数 m 进行比较，直到数组的某个元素和指定的 m 值相等，则查找成功；若比较结果与数组中 n 个元素都不等，则查找失败。

求解该问题的伪代码如下：

```
Input n
For i=1 to n [step 1]      // 将n个数输入到数组a中
    Input a[i]
End For
Input m                     // 输入待查数字m
flag=0                     // 设置标志变量，如果找到m，则改变该标志变量的值
i=1
While flag=0 and i<=n      // 标志变量未发生改变，或搜索未结束则继续循环
    If a[i]=m Then
        Output i            // 找到，输出位置
        flag=1             // 改变标志变量的值
    End If
    i=i+1
End While
If flag=0 Then             // 如果标志变量值没变，说明没找到
    Output "not find."
End If
```

2. 简单排序（排序技术）。给定 n 个整数，请用比较交换法对这 n 个整数进行升序排序并输出。输入和输出要求如下：

输入：首先输入 n，代表有 n 个整数，随后输入这 n 个整数，用数组 a 保存。

输出：排序后的 n 个整数。

请使用 Raptor 软件画出求解该问题的算法流程图，将流程图文件命名为“姓名 4-3-2.rap”，并保存在自己的文件夹中。

样例输入：

6

8 6 9 3 2 7

样例输出：

2 3 6 7 8 9

【提示】比较交换法是一种排序算法。以 7 个元素的排序为例，比较交换法的排序过程见表 4-1。

表 4-1　比较交换法排序过程示意表

数组	*a*[1]	*a*[2]	*a*[3]	*a*[4]	*a*[5]	*a*[6]	*a*[7]	说明
元素	9	3	5	6	8	4	2	
第一轮初始	9	3	5	6	8	4	2	第一个位置的元素依次与后面的其他元素比较，如发现小于 *a*[1] 的元素，则交换
	3	9	5	6	8	4	2	*a*[1] 与 *a*[2] 比较，交换
	3	9	5	6	8	4	2	*a*[1] 与 *a*[3] 比较，无须交换
	3	9	5	6	8	4	2	*a*[1] 与 *a*[4] 比较，无须交换
	3	9	5	6	8	4	2	*a*[1] 与 *a*[5] 比较，无须交换
	3	9	5	6	8	4	2	*a*[1] 与 *a*[6] 比较，无须交换
	2	9	5	6	8	4	3	*a*[1] 与 *a*[7] 比较，交换
第二轮初始	2	9	5	6	8	4	3	*a*[2] 依次与后面的其他元素比较，如发现小于 *a*[2] 的元素，则交换

（续）

数组元素	a[1] 9	a[2] 3	a[3] 5	a[4] 6	a[5] 8	a[6] 4	a[7] 2	说明
	2	5	9	6	8	4	3	a[2] 与 a[3] 比较，交换
	2	5	9	6	8	4	3	a[2] 与 a[4] 比较，无须交换
	2	5	9	6	8	4	3	a[2] 与 a[5] 比较，无须交换
	2	4	9	6	8	5	3	a[2] 与 a[6] 比较，交换
	2	3	9	6	8	5	4	a[2] 与 a[7] 比较，交换
第三轮初始	2	3	9	6	8	5	4	a[3] 依次与后面的其他元素比较，如发现小于 a[3] 的元素，则交换
	2	3	6	9	8	5	4	a[3] 与 a[4] 比较，交换
	2	3	6	9	8	5	4	a[3] 与 a[5] 比较，无须交换
	2	3	5	9	8	6	4	a[3] 与 a[6] 比较，交换
	2	3	4	9	8	6	5	a[3] 与 a[7] 比较，交换
第四轮初始	2	3	4	9	8	6	5	a[4] 依次与后面的其他元素比较，如发现小于 a[4] 的元素，则交换
	2	3	4	8	9	6	5	a[4] 与 a[5] 比较，交换
	2	3	4	6	9	8	5	a[4] 与 a[6] 比较，交换
	2	3	4	5	9	8	6	a[4] 与 a[7] 比较，交换
第五轮初始	2	3	4	5	9	8	6	a[5] 依次与后面的其他元素比较，如发现小于 a[5] 的元素，则交换
	2	3	4	5	8	9	6	a[5] 与 a[6] 比较，交换
	2	3	4	5	6	9	8	a[5] 与 a[7] 比较，交换
第六轮初始	2	3	4	5	6	9	8	a[6] 依次与后面的其他元素比较，如发现小于 a[6] 的元素，则交换
	2	3	4	5	6	8	9	a[6] 与 a[7] 比较，交换
最终状态	2	3	4	5	6	8	9	

求解该问题的伪代码如下：

```
Input n
For i=1 to n
    Input a[i]
End For
For i =1 to n-1 [step 1]
    For j=i+1 to n [step 1]
        If a[i]>a[j] Then
            t=a[i]
            a[i]=a[j]
            a[j]=t
        End If
    End For
End For
For i=1 to n step 1
    Output a[i]
End For
```

3. 珍贵的宝石（分治法）。珍贵的宝石晶莹剔透，不小心混入高仿玻璃制品中。已知宝石比玻璃制品重，除此之外，无法肉眼区分它们。现给你一架托盘天平，请设计一个算法，快速将宝石从高仿玻璃制品中找出来。输入一个整数 n，代表有一个宝石和 $n-1$ 个高仿玻璃制品，输出为天平称重的次数。

请使用 Raptor 软件画出求解该问题的算法流程图，将流程图文件命名为“姓名 4-3-3.rap”，并保存在自己的文件夹中。

样例输入：16

样例输出：3

【**提示**】以 n=16 为例，进行三分法，步骤如下。

第一次。将“宝石”分成三堆，个数比为 5：5：6。称重 5：5 的两堆，如果不等重，则宝石在重的一堆里，如果等重，则宝石在个数为 6 的一堆里。

第二次。

- 第一种方案：设宝石在个数为 5 的堆里。继续分为三堆，个数比为 2：2：1，称重 2：2 的两堆，如果不等重，则宝石在重的一堆里，否则就是个数为 1 的那个。
- 第二种方案：设宝石在个数为 6 的一堆里。继续分为三堆，个数比为 2：2：2，选任意一组 2：2 的两堆分别称重，如果不等重，则宝石在重的一堆里；否则就在没称重的那堆里。

第三次。

- 对以上第一种方案，将个数为 2 的那堆直接分为 1：1，称重称出宝石。
- 对以上第二种方案：将个数为 2 的那堆直接分为 1：1，称重称出宝石。

所以，n=16 时，最多需要分 3 次。

求解该问题的伪代码如下：

```
Input n
t=0
While n>1
    t=t+1
    n=ceiling(n/3)
End While
Output t
```

4. 合法“抢劫”（贪心算法）。超市举行活动，给你一个箱子。超市里面的东西只要能装进这个箱子就可以免费拿走。如果物品都是可以分割的（如大米、面粉等），那么最优策略是什么？也就是，怎样装才能使箱子里的物品总价值最大？输入输出要求如下。

输入：首先输入两个正整数 n 和 w。n 表示有 n 个物品，w 表示箱子的容量。接下来输入 n 个物品的单位价值和重量，并分别保存到数组 a 和 b 中，$a[i]$ 表示第 i 个物品的单价，$b[i]$ 表示第 i 个物品的重量。

输出：箱子内的物品的价值总和。

请使用 Raptor 软件画出求解该问题的算法流程图，将流程图文件命名为“姓名 4-3-4.rap”，并保存在自己的文件夹中。

样例输入：

3 15

5 10

2 8

3 9

样例输出：65

【**提示**】以上面的样例输入数据为例，箱子荷载15，现有3个物品，单位重量的价值分别为5、2、3，重量分别为10、8、9。根据物品可以任意分割的特点，本题的贪心策略显然应该是首先拿性价比（单价）最高的物品，拿完后再拿性价比其次的物品，以此类推。

算法主要思路如下：

（1）首先输入物品个数 n 和箱子总容量 w。

（2）然后循环输入 n 个物品的单价 $a[i]$ 和重量 $b[i]$（i 取值为 $1,\cdots,n$）。

（3）接着对这 n 个物品按单价 $a[i]$ 从大到小进行排序（注意排序 $a[i]$ 的同时，相应的物品重量 $b[i]$ 也要一起调整顺序）。

（4）最后，根据箱子当前剩余的容量从排好序的第一个物品（数组的第一个元素）开始装箱，装满后如果箱子还有空间再装第二个，直到装满箱子为止。

例如，对于样例输入的3个物品，按单价从大到小排序，显然是物品1、物品3、物品2，也就是说，可先装物品1，其重量为10，总价值为50，箱子荷载重量还剩5，由于没有物品1了，只能拿性价比第二高的物品3了，物品3重量为9，不过箱子荷载重量还剩5，由于物品可分，那就拿物品3，重量只能拿5，总价值为15，共计拿了总价值65的物品1和物品3。

求解该问题的伪代码如下：

```
Input n,w                  // 输入物品数量和箱子载荷
    // 输入每个物品的单位价值和重量
For i =1 to n [step 1]
       Input a[i]          // 单位价值
       Input b[i]          // 重量
End For
// 排序
For i=1 to n-1
    For j=i+1 to n
        If a[i]<a[j] Then
            // 交换单位价值
            t=a[i]
            a[i]=a[j]
            a[j]=t
                // 交换相应的重量
            t=b[i]
            b[i]=b[j]
            b[j]=t
        End If
    End For
End For
i=1
sum=0
While w>0                  // 箱子有空位
    If w>=b[i] Then        // 物品能全部装入，并且总价值增加，剩余容量减少
        sum=sum+b[i]*a[i]
        w=w-b[i]
    Else                   // 不能全部装入，有多少空位装多少，并且总价值增加，剩余容量置0
        sum=sum+w*a[i]
        w=0
    End If
    i=i+1
```

```
End While
Output sum
```

5. 渊子赛马（贪心算法）。假设每匹马都有恒定且不相同的速度，所以速度大的马一定比速度小的马先到终点。最后谁赢的场数多于一半（不包括一半），谁就是赢家（可能没有赢家）。渊子有 n 匹马参加比赛，对手的马的数量与渊子的马的数量一样，并且知道所有的马的速度。请设计算法预测一下渊子是否能赢得比赛。输入和输出要求如下。

输入：先输入 n，代表每队马匹数量，然后分别输入渊子的 n 匹马的速度和对手的 n 匹马的速度。

输出：如果渊子能赢得比赛就输出 Yes，否则输出 No。

请用 Raptor 软件画出求解该问题的算法流程图，将流程图文件命名为“姓名 4-3-5.rap”，并保存在自己的文件夹中。

样例输入 1：

5

3 3 2 4 5

1 2 3 4 5

样例输出 1：Yes

样例输入 2：

4

2 2 1 2

2 2 3 1

样例输出 2：No

【**提示**】本问题可以使用贪心算法来解决。算法思路如下：

（1）首先输入每队的马匹数 n。

（2）循环输入渊子 n 匹马的速度，设用数组 a 保存。

（3）循环输入对手 n 匹马的速度，设用数组 b 保存。

（4）分别对两队的马匹速度进行排序。假设单独编写一个排序过程 sort 对指定数组进行排序。

（5）逐一比较渊子和对手的马匹速度，如果渊子当前的马匹速度比对手当前的马匹速度慢或相同，那么就 PK 掉对手的最快的马，同时失败场次增加一场，否则渊子的胜利场次增加一场。

求解该问题的伪代码如下：

主调过程：

```
Input n
For i=1 to n [step 1]      // 输入渊子的马匹速度
        Input a[i]
End For
For i=1 to n [step 1]      // 输入对手的马匹速度
        Input b[i]
End For
call sort(a,n)             // 对渊子的马匹速度进行排序
call sort(b,n)             // 对对手的马匹速度进行排序
i=1
j=1
```

```
flag=0
lose = win = 0
While i<=n and flag=0
    If a[i]<=b[j] Then        // 如果当前马匹速度比对手慢或相同，则失败场次增加 1
        lose=lose+1
    Else
        win=win+1
        j=j+1
    End If
    If win>n/2 or lose>n/2 Then // 胜利场次或失败场次过半，则改变标志变量flag，
                                   结束循环
        flag=1
    End If
    i=i+1
End While
If win>lose Then
    Output "Yes"
Else
    Output "No"
End If
```

被调过程：

```
Procedure sort( x , n )  // 排序过程
    For i =1 to n-1
        For j=i+1 to n
            If x[i]>x[j] Then
                t=x[i]
                x[i]=x[j]
                x[j]=t
            End If
        End For
    End For
End Procedure
```

实验 4-4　综合实验：社区服务支持程序

一、实验目的

（1）掌握 Python 基本语法。

（2）掌握 Python 基本数据结构。

（3）掌握 Python 的函数和模块。

二、实验要求

创建一个你自己的文件夹用来存放本实验所创建的文件，文件夹名称为“班级—学号—姓名—实验 4-4”，文件夹名称中的班级、学号、姓名需替换成学生的个人信息。

三、实验内容

青年志愿者行动是新形势下学雷锋活动的深化和延续。大学生志愿者活动能够提升大学生的社会责任感和使命感，同时也是高校落实立德树人根本任务的有效路径。某大学一个班级的同学正在制订志愿者进社区的计划，请组成 2 ～ 3 人的小组，利用 Python 程序设计语言帮他们完成以下任务。

1. 社区绿化——水泵扬程。A 小组正在为小区的中心花园制订社区绿化计划，他们要解决水泵扬程的问题。通过调研和查阅资料，他们了解到，水泵的扬程是泵对单位重量的液体所做的功，即单位重量的液体通过泵后的能量增量。水泵扬程是水泵的一个重要工作参数，是水泵选型的关键环节，意味着水泵能否按要求把水输送到指定的地方，实际应用中，水泵扬程用液柱高度 H 来表示，常用单位是 m（米）。

已知，A 小组所服务的社区浇灌系统基本信息为，流量 200 m^3/h，百米损耗是 2.1m 扬程，管路总长 x（单位为 m），坡度是 30°，计划采用直径为 200mm 的无缝钢管，要求出口压力 y（以 kg 度量），每千克损耗 10m 扬程，那么水泵扬程是多少？

输入：x 和 y，中间用空格分隔。

输出：水泵扬程。

样例输入：1100 10

样例输出：673.1m

【提示】

该任务简要图示如图 4-7 所示。

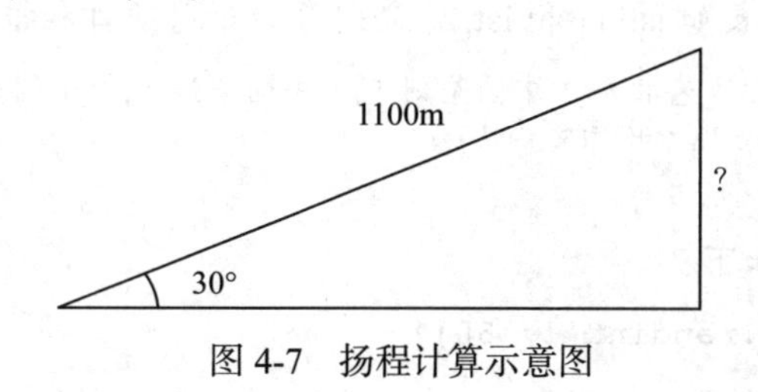

图 4-7　扬程计算示意图

水泵扬程计算方法（估算实际值）为：水泵扬程 = 垂直高度 + 管路损耗 + 出口压力。垂直高度（即入口处水面到出口处水面的高程差），可以近似为管路总长 × sin30° 。管路损耗包括沿程水头损失和局部水头损失。实际应用中一般采用估算的方法，即 1 个弯头 ≈ 0.5m 水泵扬程的损耗，10m 水平距离 ≈ 1m 水泵扬程的损耗。此处不考虑弯头数量。出口压力对应的扬程距离可根据出口压力的值进行推定。最终输出扬程单位为 m。将程序主文件名命名为“小组成员姓名—水泵扬程”。

2. 垃圾分类。B 小组正在制定垃圾分类辅助管理任务。通过科普讲座，居民们充分认识到垃圾分类的好处，例如，保护土壤环境、减少水质污染、节省占地、避免垃圾中可燃物导致的火灾隐患、变废为宝、美化环境等。但是居民普遍反映存在投放准确率低的问题，通常准确分类的达标率只有 30% ～ 40%。同学们计划编写一个垃圾分类辅助决策的软件。

要求输入垃圾名称，输出垃圾分类。如输入的垃圾名称不存在，则显示“该垃圾目前没有归属类别”，并给出提示“请选择欲归属的垃圾类别”，请用户单击该垃圾名称应该被分类的类别，将垃圾名称加入相应的存储数据结构中。

垃圾种类包括可回收物、厨余垃圾、有害垃圾和其他垃圾。垃圾种类和其包含的垃圾名称参考下述内容。

- 可回收物主要包括废玻璃、废金属、废塑料、废纸张和废织物五大类。
- 厨余垃圾包括剩菜剩饭、骨头、菜根、菜叶、果皮、蛋壳、茶渣等。
- 有害垃圾包括废灯管、废油漆、杀虫剂、废弃化妆品、过期药品、废电池、废灯泡、废水银温度计等。
- 其他垃圾包括砖瓦陶瓷、渣土、餐巾纸、卫生间用纸、瓷器碎片、动物排泄物、尿不湿、毛发、拖把、烟蒂、硬果实、抹布、一次性用品等。

【提示】用列表表示每类垃圾中的常用垃圾名称，例如可回收物中的垃圾名称列表为：

```
lst1 = ['废玻璃','废金属','废塑料','废纸张','废织物']
```

如输入的垃圾名称 *x*，在当前的各个分类中不存在，可以用 append() 方法追加，例如，

```
lst1.append(x)
```

将程序主文件名命名为“小组成员姓名—垃圾分类”。

3. 非遗展示。C 小组正在筹办非物质文化遗产展示活动。非物质文化遗产是一个国家和民族历史文化成就的重要标志，是优秀传统文化的重要组成部分。社区人才辈出，大家都想在非遗展示活动中展示传统文化的魅力。小组成员需要设计一个程序，统计各个项目报名参加展示的人数。

为便于测试程序，报名人数用相关函数生成 [1,50] 之间的随机数。按照参加人数降序展示“项目：人数”，同时列出报名最多的项目人数（利用模块实现）。非遗项目可参考昆曲、古琴艺术、中国篆刻、中国书法、中国剪纸、粤剧、京剧、皮影戏、木偶戏、中国年画等。

【提示】可以用两个列表如 lst[1] 和 lst[2] 分别存储非遗项目和报名人数。

```
lst1 = ['昆曲','古琴艺术','中国篆刻','中国书法','中国剪纸','粤剧','京剧',
    '皮影戏','木偶戏','中国年画']
lst2 = []
```

随机数实现代码参考如下：

```
lst2.append(random.randint(1, 50))
```

用 zip 函数将两个列表中的元素映射成元组，并通过 dict 函数转换为字典。

```
dic = dict(zip(lst1, lst2))
```

使用 sorted 函数对字典按值排序

```
lst3 = sorted(dic.items(), key=lambda d: d[1], reverse=True)
```

key=lambda d: d[0] 或 key=lambda d: d[1] 中，lambda 是一个匿名函数；# d[0] 是获取每个元组中的第一个元素，就是原字典中的 key；# d[1] 是获取每个元组中的第二个元素，就是原字典中的 values。

将程序主文件名命名为“小组成员姓名—非遗展示”。

实验 5-1　有线和无线混合局域网组建与配置

一、实验目的

（1）了解有线和无线局域网的基本组成。

（2）掌握局域网设备互通所需的基本配置。

（3）掌握验证局域网连通性的方法。

二、实验要求

创建一个文件夹，文件夹名称为“班级—学号—姓名—实验 5-1”，文件夹名称中的班级、学号、姓名需替换成学生的个人信息。以下操作过程中，所要求的截图信息和最终设计的网络拓扑图文件将保存在此文件夹中，并作为作业提交。

三、实验内容

本实验将在模拟环境下构建一个有线和无线混合的局域网，其规模可以满足办公室或家庭用户的上网要求。具体任务包括：

- 选择网络设备。
- 配置网络中设备的参数并进行连通性验证。

实验将构建如图 5-1 所示的网络。网络中包括 2950 交换机 1 台、普通 PC3 台、带无线网卡的 PC1 台。实验在 Cisco Packet Tracer Student 环境下完成。Cisco Packet Tracer Student 是由思科公司出品的图形界面的网络模拟器，适合初学网络的学生学习简单网络的设计。

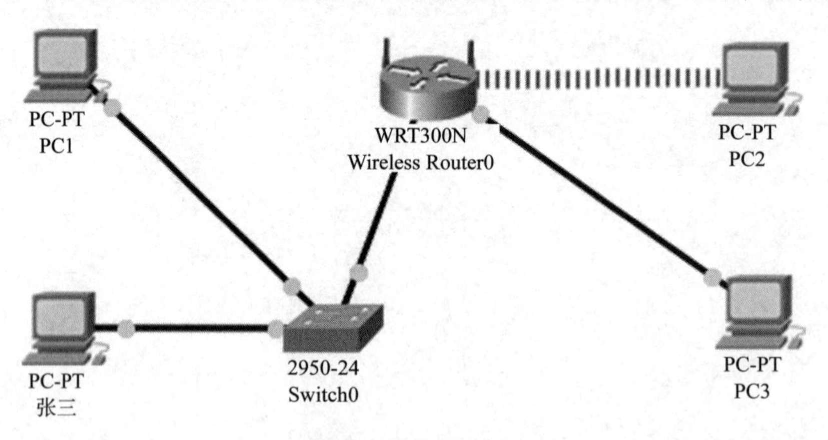

图 5-1　网络拓扑图

1. Cisco Packet Tracer 的使用。依次单击“开始→所有程序→ Cisco Packet Tracer Student → Cisco Packet Tracer Student”启动网络模拟器，则打开网络模拟器工作界面，如图 5-2 所示。

Cisco Packet Tracer 屏幕左下角显示了代表设备类别或组的图标，如路由器、交换机或终端设备。将鼠标移到设备类别上，在设备中间的方框内将显示类别的名称。要选择一个设备，需要首先单击选择设备类别，则该类别内的设备选项将显示在设备列表的方框中。将设备选项拖到逻辑工作空间，完成设备的添加。单击窗口右侧的✖按钮，再选择逻辑工作空间中的设备，可以删除选中的设备。单击窗口右侧的按钮，可以恢复选择功能。

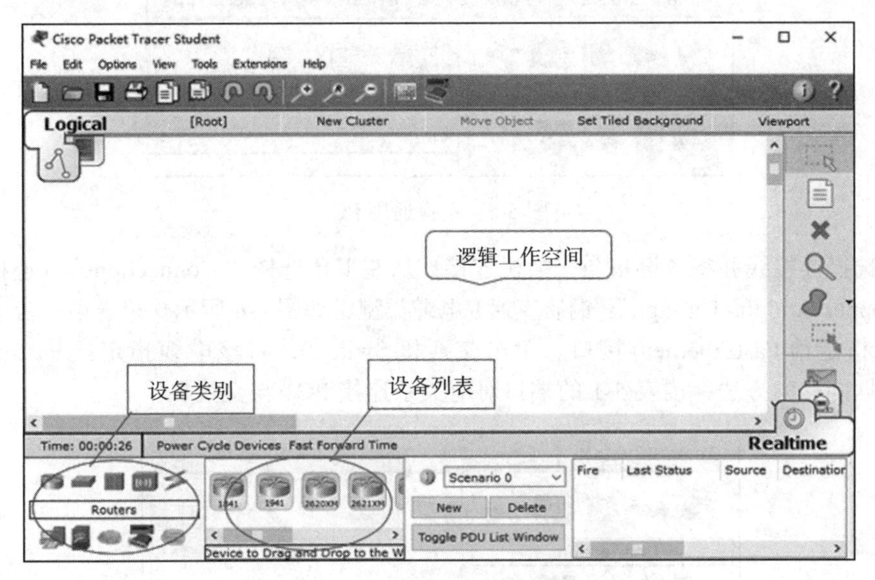

图 5-2　Cisco Packet Tracer 工作界面

2. 搭建有线局域网。设计一个局域网，并按照图 5-3 所设计的拓扑图进行连接并按表 5-1 进行配置。注意接口的选择以及连线所使用的线缆类型。

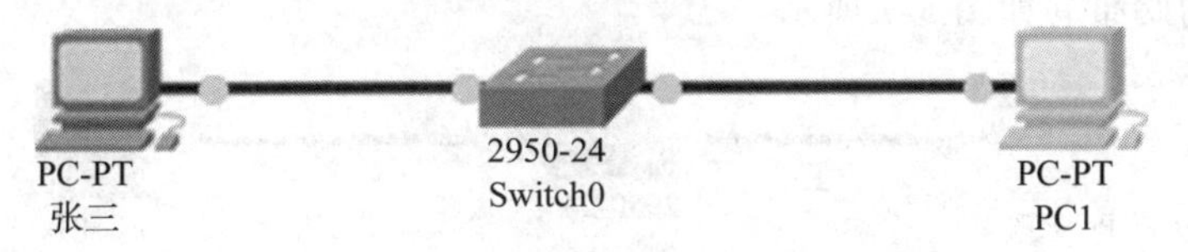

图 5-3　有线局域网拓扑图

表 5-1　端口对应关系

Switch0 端口	设备名称及端口
FastEthernet 0/1	PC0- FastEthernet0
FastEthernet/0 2	PC1- FastEthernet0

具体操作步骤如下。

第 1 步：设备的选择及连接。

（1）选择交换机：从左下角的选项中选择“Switches”（交换机），将一个通用交换机（2950-24）拖放到“Logical Workspace”（逻辑工作空间），如图 5-4 所示。

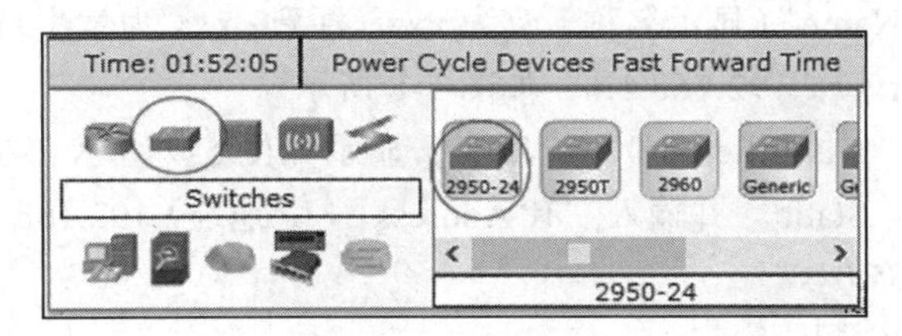

图 5-4　选择交换机

（2）选择 PC：从左下角的选项中选择“End Devices”（终端设备），将两个通用（Generic）PC（PC-PT）拖放到“Logical Workspace”（逻辑工作空间），如图 5-5 所示。

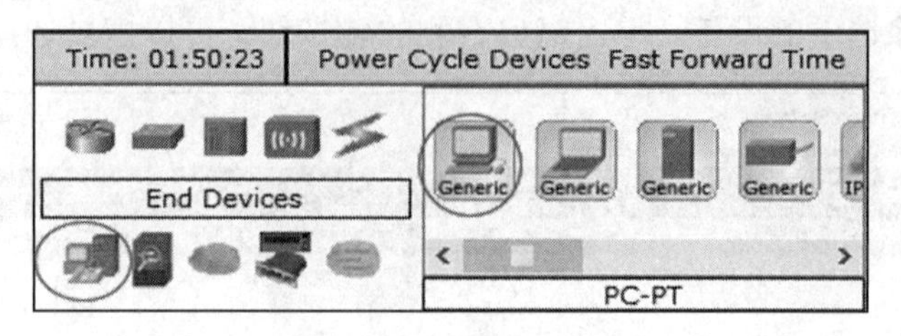

图 5-5 选择通用 PC

（3）选择连接线并将各设备与交换机连接：从左下角选择“Connections”（连接），之后选择“Copper Straight-Through”（铜质直通）电缆类型，如图 5-6 所示。单击第一台主机 PC0，将该电缆指定给 FastEthernet0 接口。单击交换机 Switch0，将该电缆指定给 FastEthernet0/1 接口。依据同样的方法，按表 5-1 的端口对应关系连接 PC1 与交换机。

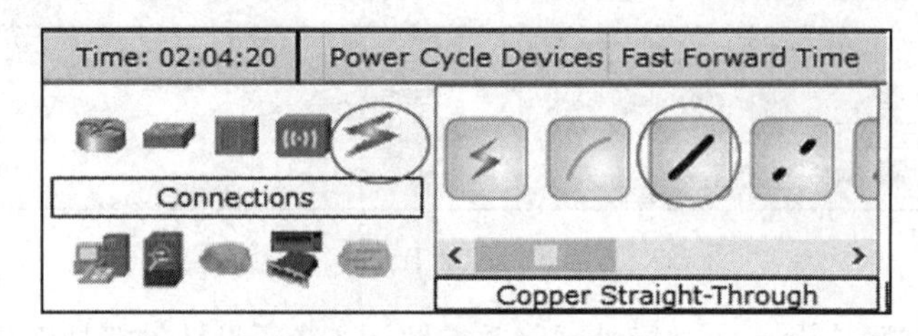

图 5-6 选择 Copper Straight-Through 连接

连接后的初始布局如图 5-7 所示。

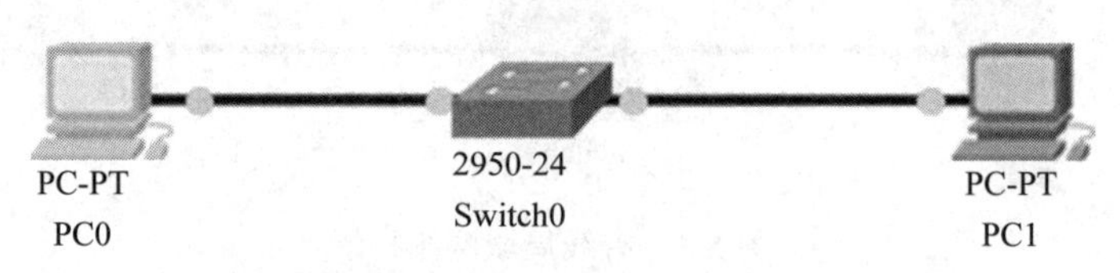

图 5-7 连接后的初始布局

连接完成后，每条电缆的两端都会显示链路指示灯。红点指示电缆类型不正确或没有连通，绿点指示设备已连通。如果没有显示链路指示灯，请依次单击菜单命令“Options → Preferences”，在打开的对话框中勾选“Show Link Lights”（显示链路指示灯）选项。如果已经勾选，但没有及时看到指示灯，则可以单击逻辑工作空间下方黄色栏中的“Fast Forward Time”（快进时间）加速显示。

第 2 步：在 PC 上配置主机名和 IP 地址。

（1）单击 PC0，打开 PC0 窗口，选择“Config”（配置）选项卡。

（2）将“Display Name”（显示名称）改为 xxx（注意：xxx 为学生自己的姓名，如张三）。

（3）输入 DNS Server：192.168.1.6，如图 5-8 所示。

（4）选择左侧的“FastEthernet0”选项卡，显示如图 5-9 所示。在“IP Configuration”（IP 配置）区域，选择“Static”并输入“IP Address”（IP 地址）192.168.1.2 和“Subnet Mask”（子网掩码）255.255.255.0。

（5）关闭当前的 PC 配置窗口。

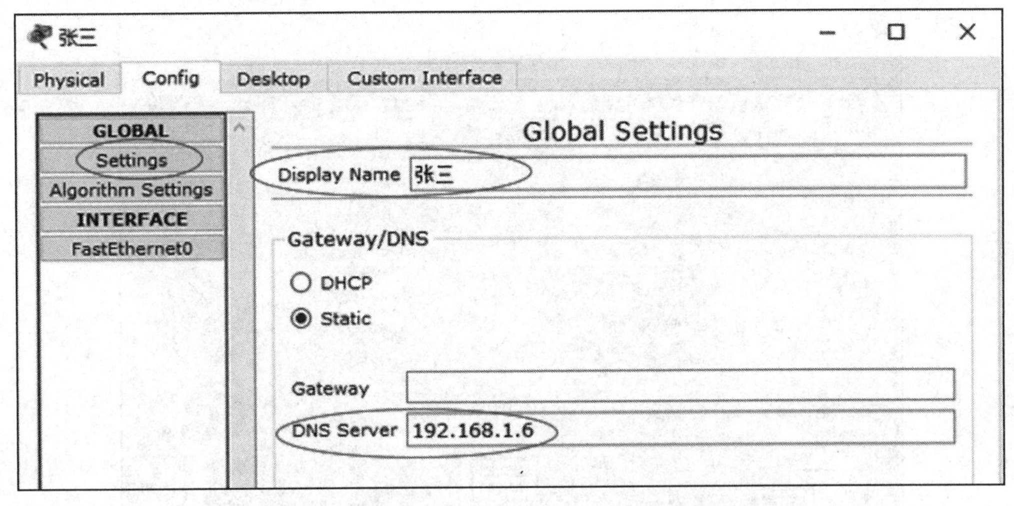

图 5-8 PC0 的 Config 选项卡——Settings 设置

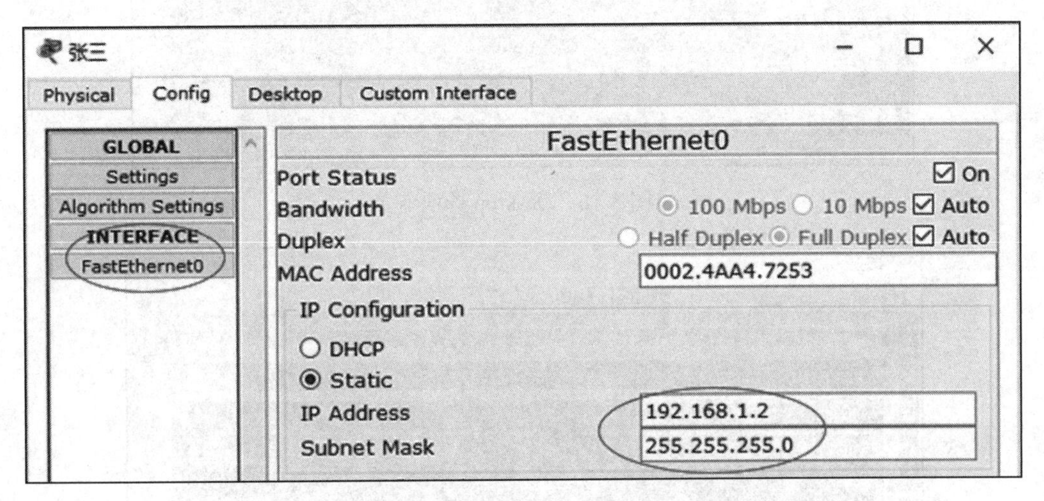

图 5-9 PC0 的 Config 选项卡——FastEthernet0 设置

（6）使用同样的方式，按表 5-2 设置 PC1。

表 5-2 有线设备配置参数表

原主机名	新主机名	IP 地址	子网掩码	DNS Server
PC0	学生名（如：张三）	192.168.1.2	255.255.255.0	192.168.1.6
PC1	PC1	192.168.1.3	255.255.255.0	192.168.1.6

第 3 步：连通测试。

（1）测试张三（PC0）到 PC1 的连通性：单击“PC-PT 张三”，然后单击“Desktop”（桌面）选项卡，如图 5-10 所示。

（2）在图 5-10 所示面板中单击“Command Prompt”（命令提示符），显示命令提示符对话框，在对话框中输入如下 ping 命令测试网络连通性。

ping 192.168.1.3

如果网络是通的，则会返回四个“Reply from…”应答信息，如图 5-11 所示截取连通成功的“命令提示符”窗口，将图片命名为“连通性测试 .png”，保存到文件夹中。

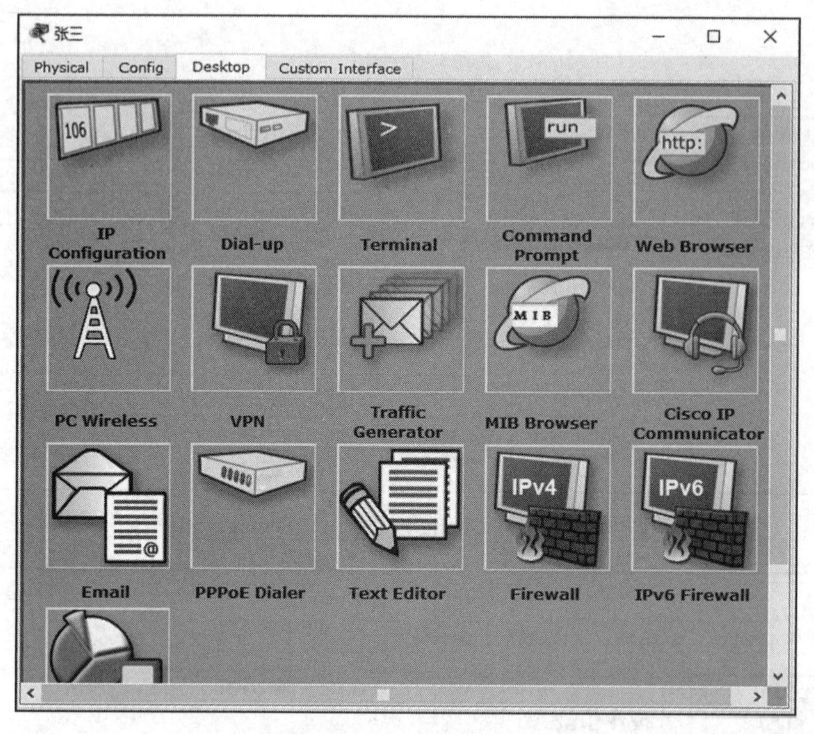

图 5-10　Desktop 选项卡

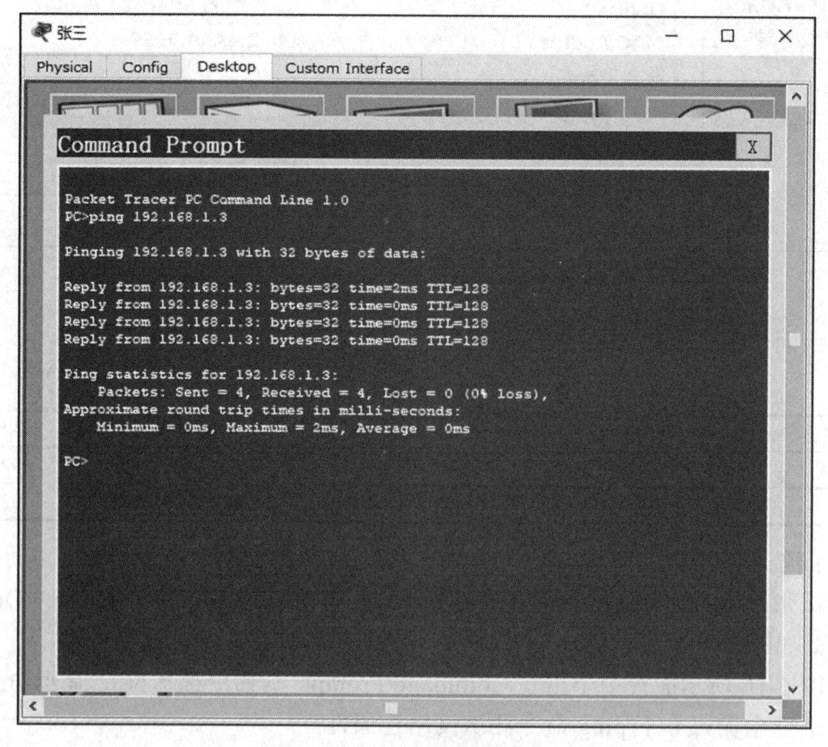

图 5-11　网络连通性测试

3. 搭建无线局域网。继续前面已完成的工作，在图 5-3 中添加无线路由器、带无线网卡的 PC 和普通 PC 各一台。搭建图 5-1 右半部分的无线局域网。

第 1 步：添加设备和连接设备。

（1）从左下角的选项中选择“Wireless Devices”（无线设备），如图 5-12 所示。将一个无线路由器 Wireless Router0（WRT300N）拖放到逻辑工作空间。

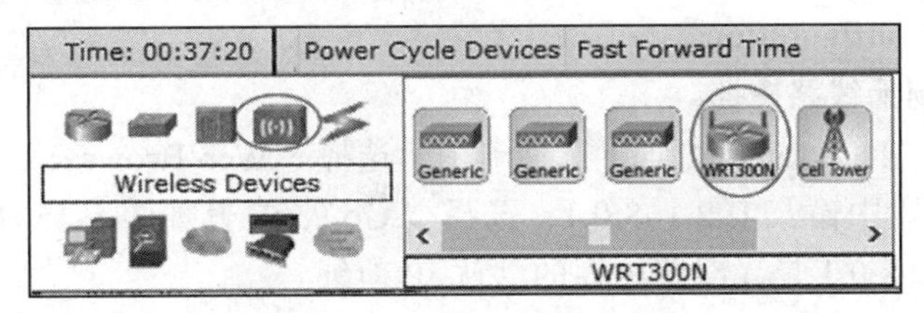

图 5-12　添加无线路由器

（2）从左下角的选项中选择“Custom Made Devices”（自定义设备），如图 5-13 所示。将一个带有无线网卡的 PC（Wireless PC）拖放到逻辑工作空间。

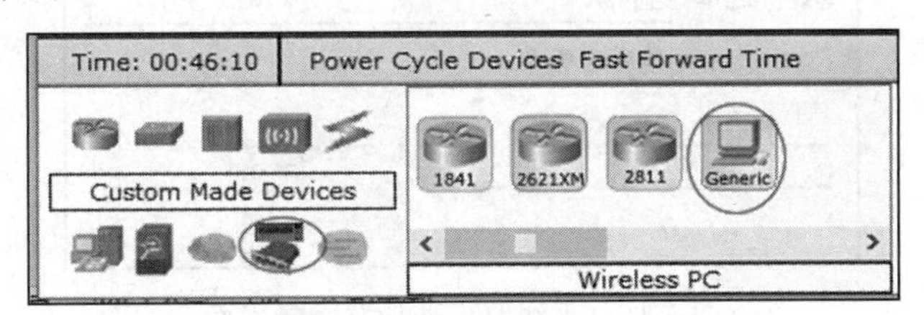

图 5-13　添加带无线网卡的 PC

（3）从左下角的选项中选择“End Devices”（终端设备）。将 1 个通用（Generic）PC (PC-PT) 拖放到逻辑工作空间。

（4）从左下角选择“Connections”（连接）。选择“Copper Straight-Through”（铜质直通）电缆类型。单击主机 PC3，将该电缆指定给 FastEthernet0 接口，单击无线路由器 Wireless Router0（WRT300N），将该电缆指定给 Ethernet1 接口。

（5）按图 5-1 调整各设备的位置。

第 2 步：配置 PC3 使用 DHCP。

要对无线路由器 Wireless Router0 进行配置，需要首先有一台机器与无线路由器进行有线连接，例如这里的 PC3。无线路由器通常包含一个 DHCP 服务器，该 DHCP 服务器通常在路由器内部默认已启用。为了使 PC3 从无线路由器 Wireless Router0 获得 IP 地址，PC3 应该启用通过 DHCP 服务器获取 IP 地址的功能。具体配置步骤如下。

（1）单击 PC3，在打开的对话框中选择“Desktop”（桌面）选项卡，再单击“IP Configuration”（IP 配置）并选择 DHCP。图 5-14 表示 PC3 从无线路由器获得的 IP Address（IP 地址）、Subnet Mask（子网掩码）和 Default Gateway（默认网关）。

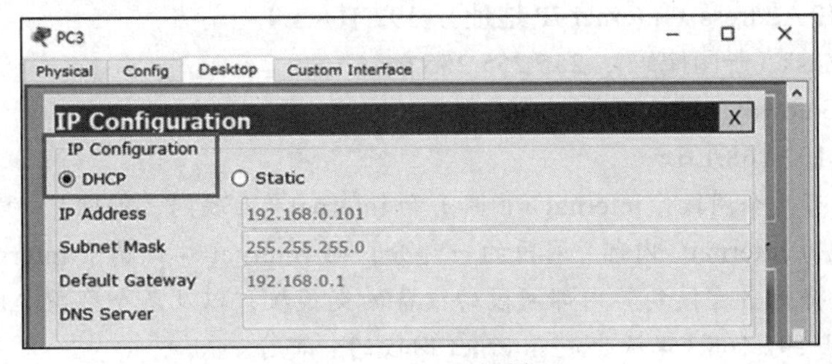

图 5-14　PC3 配置界面

【提示】DHCP 指的是由服务器控制的一段 IP 地址范围，客户机登录服务器时就可以自动获得服务器分配的 IP 地址和子网掩码。上述参数的具体数值会因不同的 DHCP 操作而变化。

（2）关闭“IP Configuration”窗口。

第 3 步：连接到无线路由器。

（1）在 PC3 的“Desktop”（桌面）选项卡中，选择“Web Browser”（Web 浏览器）。

（2）在 URL 字段中输入 192.168.0.1，选择“Go”，打开如图 5-15 所示的无线路由器设置登录界面。192.168.0.1 是无线路由器的默认 IP 地址。

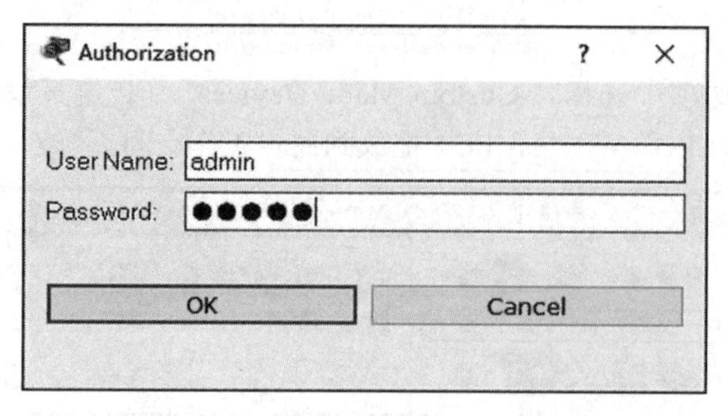

图 5-15　无线路由器设置登录界面

（3）输入用户名（User Name）和密码（Password），默认都是“admin”。单击“OK”按钮，进入配置窗口，显示“Setup”选项卡，如图 5-16 所示。

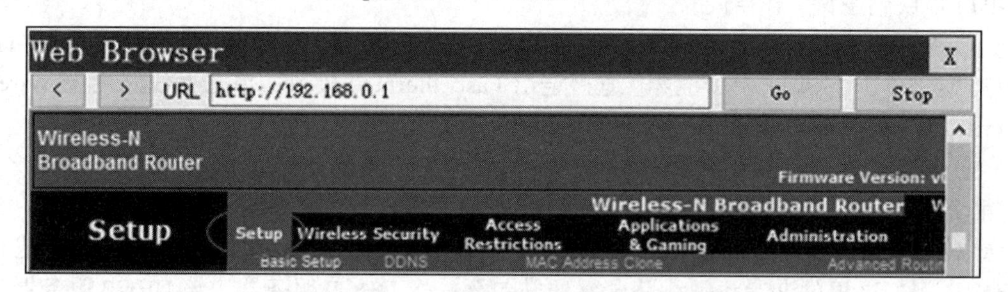

图 5-16　路由器配置界面窗口（导航界面）

（4）在“Setup”（基本设置）页面顶部的“Internet Setup”（Internet 设置）标题下，按照图 5-17 所示，将 Internet Connection Type（Internet IP 地址连接方式）从“Automatic Configuration–DHCP”（自动配置 –DHCP）改为“Static IP”（静态 IP）。

为 Internet Connection Type 输入以下各参数：

- Internet IP Address（Internet IP 地址）：192.168.1.4。
- Subnet Mask（子网掩码）：255.255.255.0。
- Default Gateway（默认网关）：192.168.1.4。
- DNS 1：192.168.1.6。

无线路由器有两个网段：internal（内部）和 internet（互联网、外网）。端口 Ethernet 1-4 和 Wireless 被视为 internal（内部）网段的一部分，而 Internet 端口属于 internet（互联网）网段。无线路由器将充当连接到其内部网段的设备的交换机，以及两个网段之间的路由器。本步设置的 IP 地址 192.168.1.4 认为是 internet 网段的一部分。

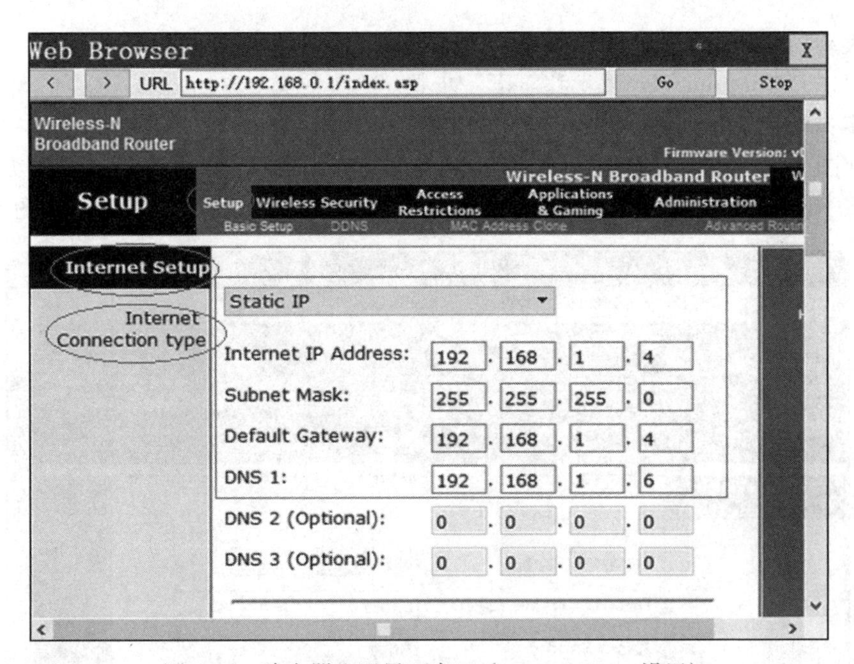

图 5-17 路由器配置界面窗口（Internet Setup 设置）

（5）向下滚动窗口，在“Setup”（设置）页面的“Network Setup”（网络设置）标题下，注意观察 DHCP 服务器的 IP 地址范围，如图 5-18 所示。此时，定义了可获得 IP 地址的 Start IP Address（初始地址）、Maximun number（最大连接数）和 IP Address Range（IP 地址范围）。

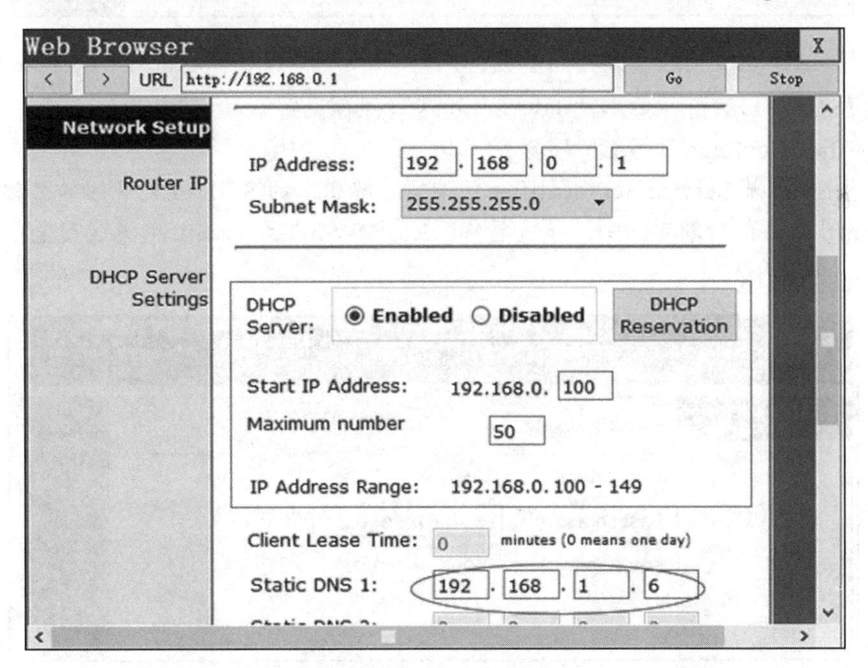

图 5-18 路由器配置界面窗口（Network Setup 界面）

（6）在“DHCP Server Settings”标题下，确保 DHCP Server 选中“Enable”选项，在 Static DNS1 处输入 192.168.1.6。

【提示】192.168.1.6 是本例 DNS 服务器的 IP 地址，将在实验 5-2 中使用和设置。

（7）滚动窗口到最下面，单击“Save Settings”按钮，保存设置。

（8）单击“Continue”（继续）移至下一步骤。

第 4 步：配置 Wireless Router0 的 SSID。

（1）在图 5-16 的导航界面中，导航至 Wireless → Basic Wireless Settings（基本无线设置）。

（2）将 Network Name（SSID）改为 apple。注意 SSID 是区分大小写的，如图 5-19 所示。

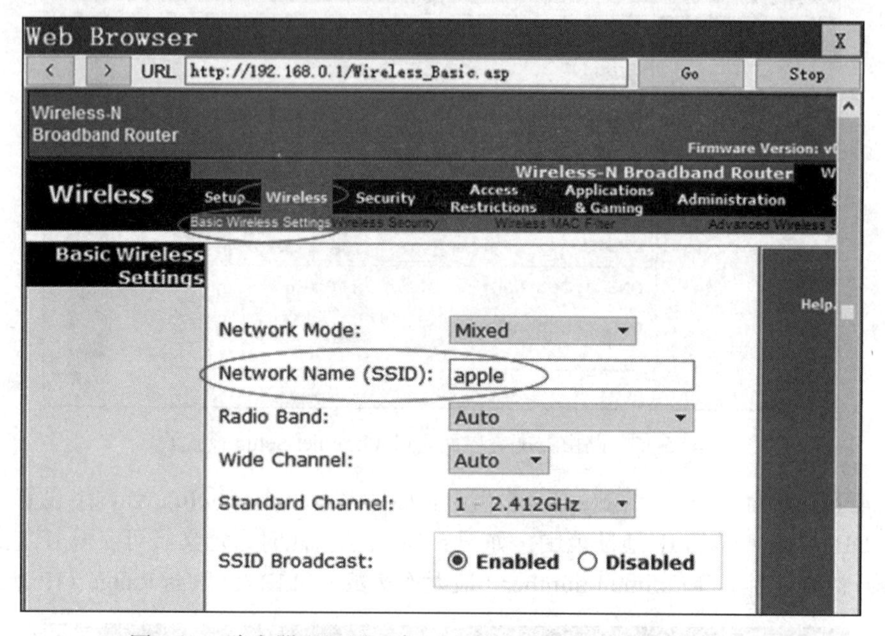

图 5-19　路由器配置界面窗口（Basic Wireless Settings 界面）

（3）滚动到窗口底部并单击“Save Settings”（保存设置）。

（4）单击“Continue”（继续）移至下一步。

【**提示**】SSID 是 Service Set Identifier 的缩写，路由器的 SSID 是无线网的名称。

（5）在图 5-16 的导航界面中，导航至 Wireless → Wireless Security（无线安全），如图 5-20 所示。

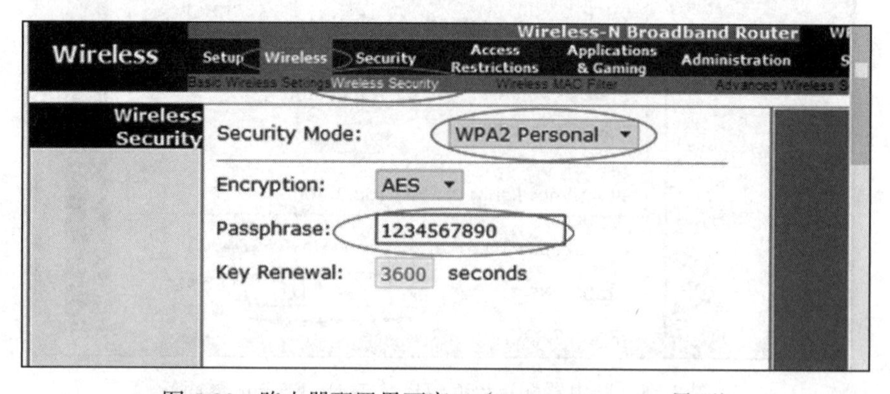

图 5-20　路由器配置界面窗口（Wireless Security 界面）

（6）选择“Security Mode”（安全模式）为“WPA2 Personal”，在“Passphrase”（路由器连接密码）处输入 1234567890。

【**提示**】无线设备与此无线路由器连接时需要 Passphrase 密码。

（7）滚动到窗口底部并单击“Save Settings”(保存设置)。

（8）单击“Continue”(继续）移至下一步。

第 5 步：更改 Wireless Router0 登录密码。

（1）在图 5-16 的导航界面中，依次导航 Administration → Management（管理），如图 5-21 所示，将当前路由器登录密码改为 cisco。

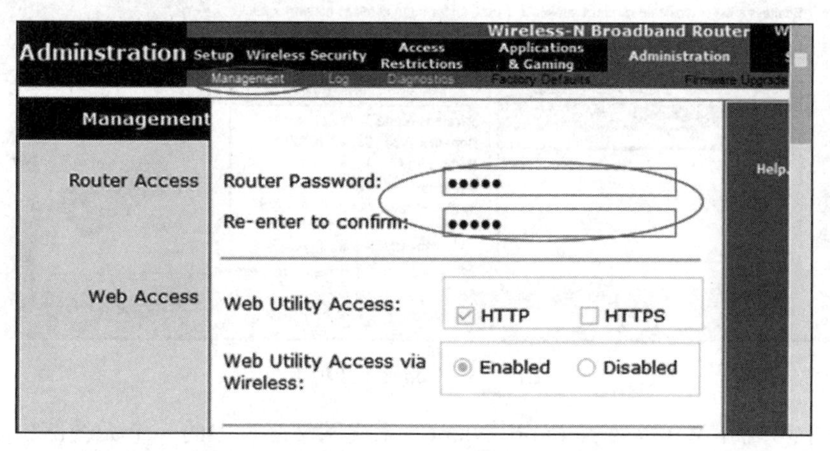

图 5-21　路由器配置界面窗口（更改 Wireless Router0 登录密码）

（2）滚动到窗口底部并单击“Save Settings”(保存设置)。

（3）出现提示时，请使用用户名 admin 和新密码 cisco 重新登录无线路由器。

（4）单击“Continue”(继续）移至下一步，然后关闭路由器配置界面窗口。

第 6 步：配置无线 PC。

（1）单击 PC2（带无线网卡的 PC）图标，打开设置对话框，选择“Desktop”选项卡，如图 5-22 所示。

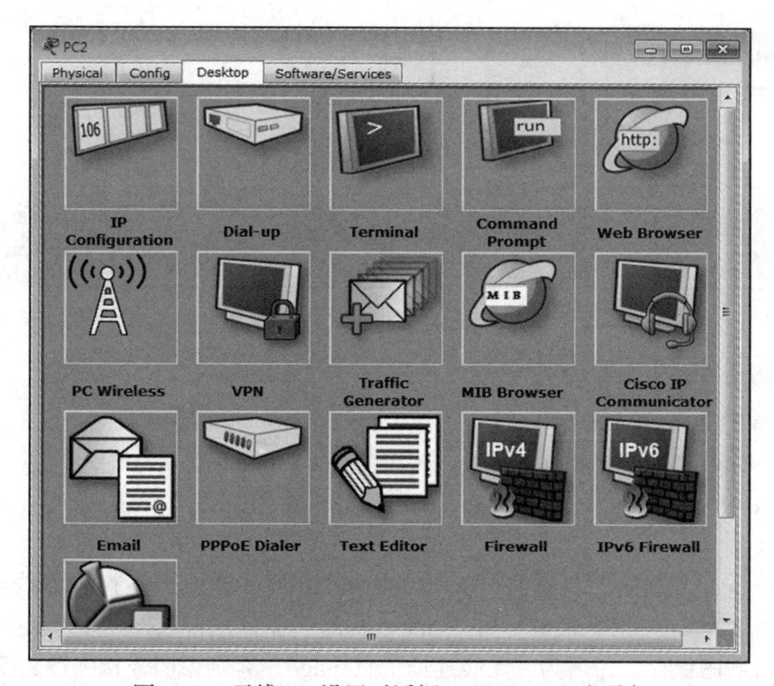

图 5-22　无线 PC 设置对话框——Desktop 选项卡

（2）单击“PC Wireless”选项，打开无线网连接对话框，选择“Connect”选项卡，如图 5-23 所示。

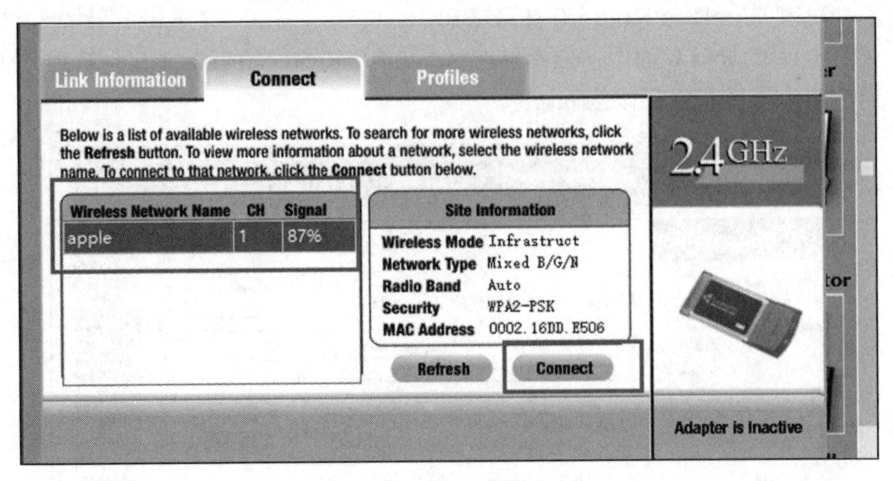

图 5-23　Connect 选项卡

（3）选中出现在 Wireless Network Name（无线网络名）中的一个无线路由器 SSID（如 apple），单击“Connect”按钮，显示“Connect”窗口，如图 5-24 所示。

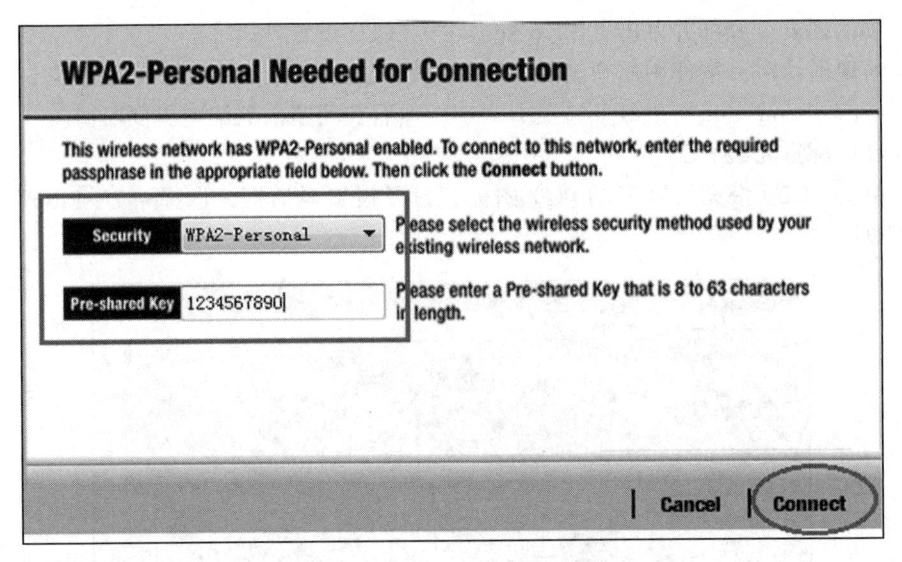

图 5-24　Connect 窗口

设置下列内容：

Securiy：WPA2-Personal

Pre-shared Key：1234567890

【提示】Pre-shared Key 是与无线路由器连接的密码，要与设置无线路由器时指定的 Passphrase 一致。

单击“Connect”按钮，再选择“Link Information”选项卡，查看无线连接情况，如图 5-25 所示。观察“Signal Strength”和“Link Quality”图标是否点亮。如果点亮，则说明连接成功，将该窗口截图保存，命名为“无线连通信息 .png”，否则说明连接失败，需要查明原因。

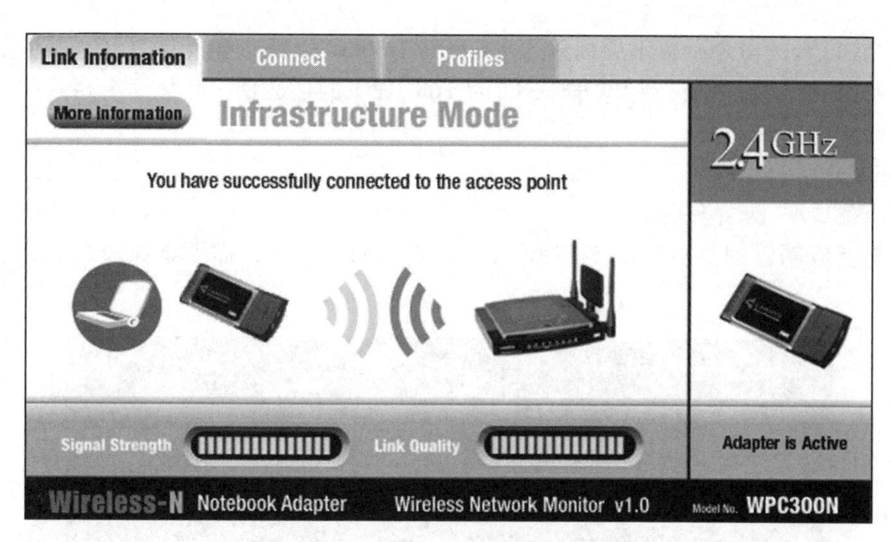

图 5-25 “Link Information”选项卡

第 7 步：连通性测试。

（1）在 PC2 配置界面中，选择“Desktop”选项卡中的“Command Prompt”，输入如下 ping 命令，测试 PC2 与无线路由器的连通性。结果如图 5-26 所示。

PC>ping 192.168.0.1

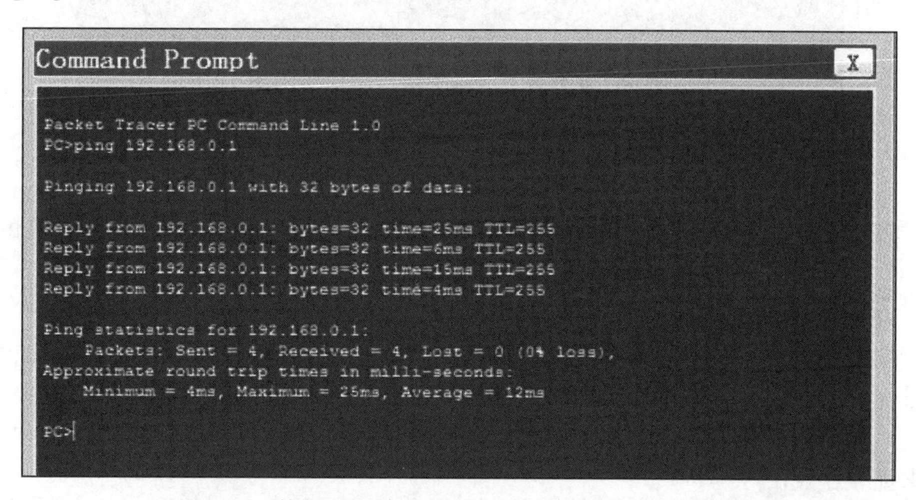

图 5-26 使用 ping 命令进行与无线路由器连通性测试

（2）如果连接成功，则会返回四条“Reply From…”应答信息，否则说明连接失败。将连接成功的 ping 结果截图，命名为“无线 ping 测试 .png”，并保存到自己的工作文件夹中。

4. 有线和无线局域网融合。

第 1 步：设备连接。

在 Cisco Packet Tracer 工作界面中，从左下角选择“Connections”(连接)，再选择“Copper Straight-Through”（铜质直通）电缆类型。单击无线路由器 Wireless Router0，将该电缆指定给 Internet 接口。单击交换机 Switch0，将该电缆指定给接口 FastEthernet0/5。

第 2 步：连通性测试。

（1）单击 PC2 图标，在弹出的配置界面中，选择“Desktop”选项卡，单击“Command

Prompt”，在打开的命令行提示界面输入 ipconfig /renew 命令，重新向 DHCP 服务器申请 IP 地址，再使用 ping 命令测试与 PC 张三（192.168.1.2）的连通性。具体命令格式如下：

PC>ipconfig /renew

PC>ping 192.168.1.2

注意，在“/”前要有空格。

如果连通成功，则显示如图 5-27 所示的结果；如果失败，需要继续查找原因，直到连通成功。

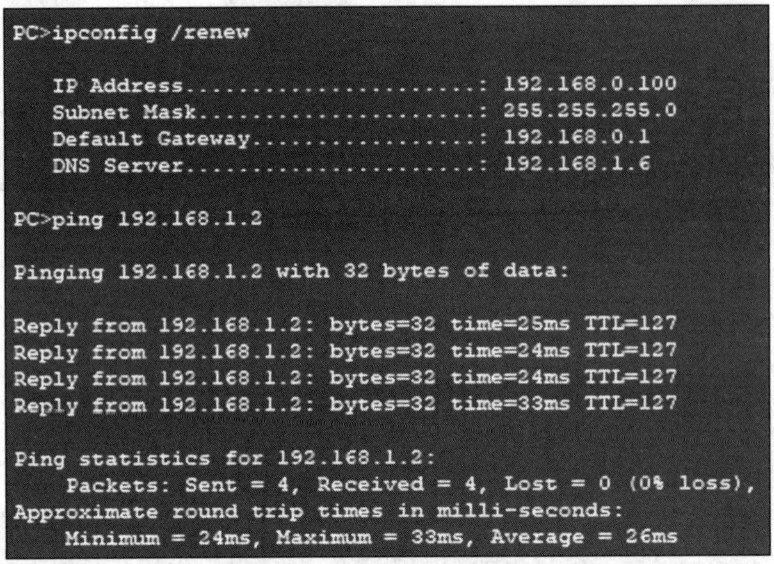

```
PC>ipconfig /renew

   IP Address......................: 192.168.0.100
   Subnet Mask.....................: 255.255.255.0
   Default Gateway.................: 192.168.0.1
   DNS Server......................: 192.168.1.6

PC>ping 192.168.1.2

Pinging 192.168.1.2 with 32 bytes of data:

Reply from 192.168.1.2: bytes=32 time=25ms TTL=127
Reply from 192.168.1.2: bytes=32 time=24ms TTL=127
Reply from 192.168.1.2: bytes=32 time=24ms TTL=127
Reply from 192.168.1.2: bytes=32 time=33ms TTL=127

Ping statistics for 192.168.1.2:
    Packets: Sent = 4, Received = 4, Lost = 0 (0% loss),
Approximate round trip times in milli-seconds:
    Minimum = 24ms, Maximum = 33ms, Average = 26ms
```

图 5-27　PC2 的连通性测试

（2）将连通成功的结果截图，命名为“web 服务器连通 .png”，并保存到自己的工作文件夹中。

（3）关闭 Command Prompt 对话框。

在模拟器主工作页面中，依次选择“File → Save”打开保存对话框，输入文件名“班级—学号—姓名—实验 5-1.pkt”，单击“确定”按钮将实验文件保存到自己的工作文件夹中。

检查你的工作文件夹是否包含了本次实验要求保存的所有文件，压缩工作文件夹后按教师的要求提交作业。

实验 5-2　网络服务与应用

一、实验目的

（1）了解 web 服务器的配置、功能和应用。

（2）了解 DNS 服务器的配置和功能。

（3）了解 FTP 服务器的配置和功能。

二、实验任务

创建一个文件夹，文件夹名称为“班级—学号—姓名—实验 5-2”文件夹名称中的班级、学号、姓名需替换成学生的个人信息。以下操作过程中，所要求的截图信息和最终设计的网络拓扑图文件将保存在此文件夹中，并作为作业提交。

三、实验内容

本实验将在模拟环境下构建一个有线局域网，其规模可以满足办公室或家庭用户的上网需求。具体任务包括：

- 选择网络设备。
- 连接网络设备。
- 配置网络中设备的参数并进行连通性验证。
- 配置 web 服务器、DNS 服务器、FTP 服务器并进行验证。

本实验将构建如图 5-28 所示的网络。网络中包括 2950 交换机 1 台，普通 PC1 台、服务器 3 台。

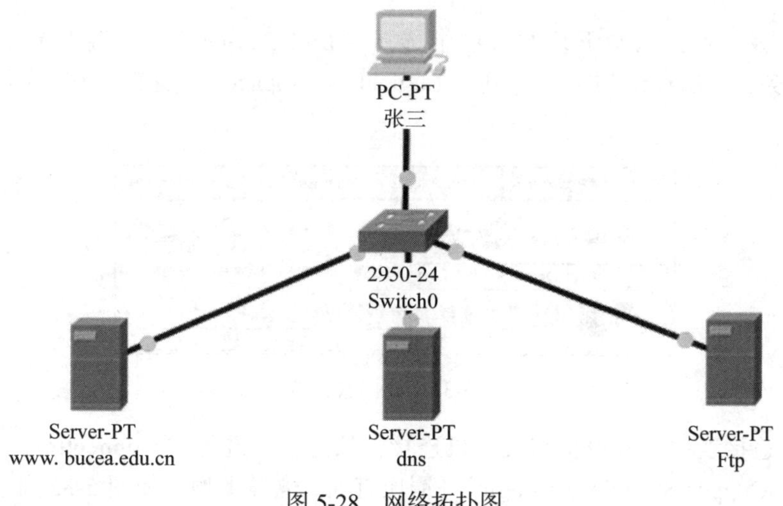

图 5-28　网络拓扑图

1. **搭建有线局域网**。设计一个局域网，并按照图 5-28 所设计的拓扑图连接并按表 5-3 配置。注意接口的选择以及连线所使用的线缆类型。

表 5-3　端口对应关系

Switch0 端口	设备名称及端口
FastEthernet 0/1	PC0- FastEthernet0
FastEthernet/0 2	Server0- FastEthernet0
FastEthernet 0/3	Server1- FastEthernet0
FastEthernet 0/4	Server2- FastEthernet0

具体操作步骤如下。

第 1 步：设备的选择及连接。

（1）选择交换机：从左下角的选项中选择“Switches”（交换机），将一个通用交换机（2950-24）拖放到“Logical Workspace”(逻辑工作空间)。如图 5-29 所示。

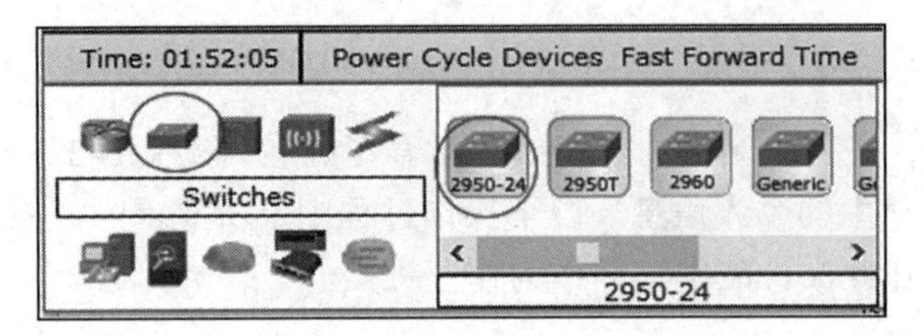

图 5-29　选择交换机

（2）选择 PC：从左下角的选项中选择“End Devices”(终端设备)，将两个通用（Generic）PC（PC-PT）拖放到“Logical Workspace”(逻辑工作空间)。如图 5-30 所示。

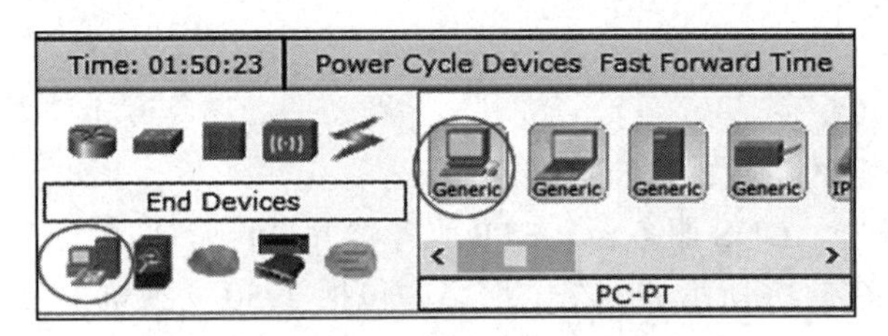

图 5-30　选择通用 PC

（3）选择服务器：从左下角的选项中选择“End Devices”（终端设备），将 3 个通用（Generic）服务器（Server-PT）拖放到“Logical Workspace”（逻辑工作空间）。如图 5-31 所示。

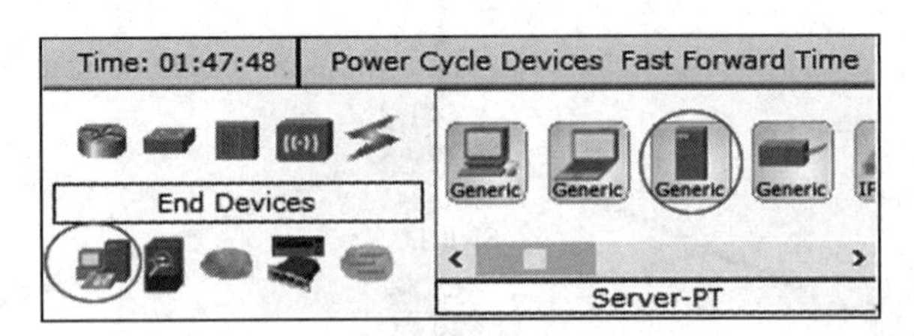

图 5-31　选择服务器

（4）选择连接线并将各设备与交换机连接：从左下角选择“Connections”（连接）。再进一步选择“Copper Straight-Through”（铜质直通）电缆类型。如图 5-32 所示。单击第一台主机 PC0，将该电缆指定给 FastEthernet0 接口。单击交换机 Switch0，将该电缆指定给 FastEthernet0/1 接口。依据同样的方法，按表 5-3 的端口对应关系将 3 台服务器和交换机进行连接。

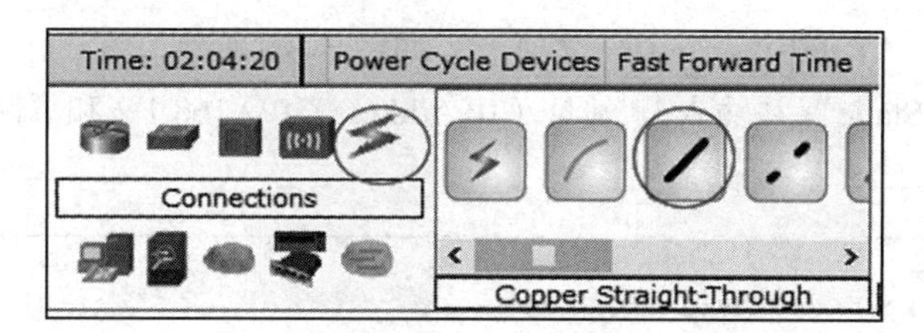

图 5-32 选择 Copper Straight-Through 连接

连接后的初始布局如图 5-33 所示。

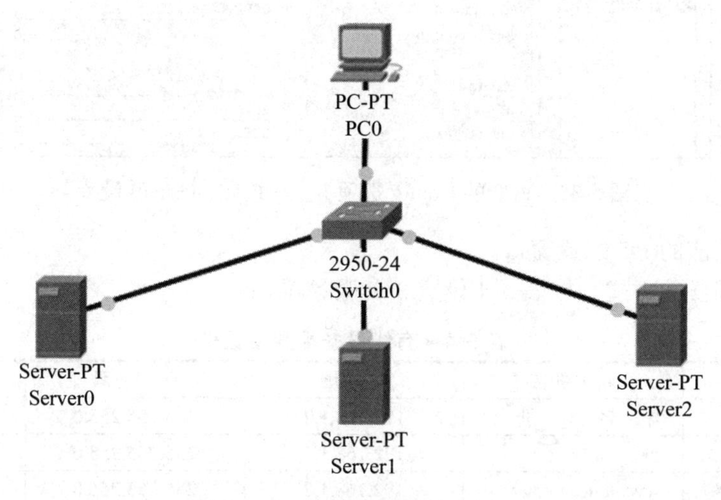

图 5-33 连接后的初始布局

连接完成后，每条电缆的两端都会显示链路指示灯。红点指示电缆类型不正确或没有连通，绿点指示设备已连通。如果没有显示链路指示灯，请依次打开菜单命令“Options”→“Preferences”，在打开的对话框中勾选“Show Link Lights”（显示链路指示灯）选项。如果已经勾选，但没有及时看到指示灯，则可以单击逻辑工作空间下方的黄色栏中的“Fast Forward Time”（快进时间）加速显示。

第 2 步：在 PC 和服务器上配置主机名和 IP 地址。

（1）单击 PC0，打开 PC0 窗口，选择“Config”（配置）选项卡。

（2）将“Display Name”（显示名称）改为 xxx（注意：xxx 为学生自己的姓名，如张三）。

（3）在“DNS Server”中输入 192.168.1.6，如图 5-34 所示。

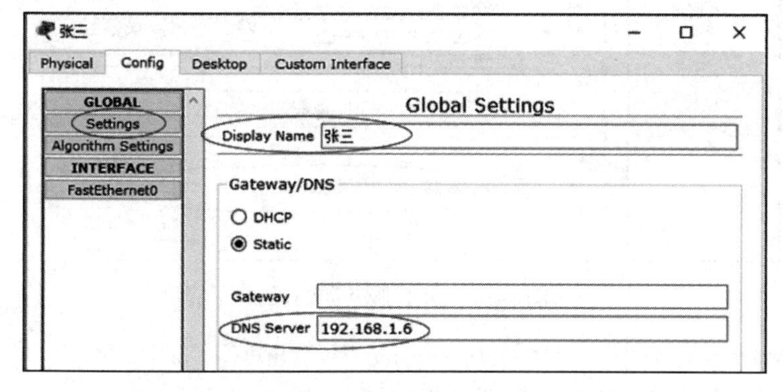

图 5-34 PC0 的 Config 选项卡——settings 设置

（4）选择左侧的“FastEthernet0”选项卡，如图 5-35 所示。在“IP Configuration”（IP 配置）区域，选择“Static”并输入 IP 地址（IP Address）192.168.1.2 和子网掩码（Subnet Mask）255.255.255.0。

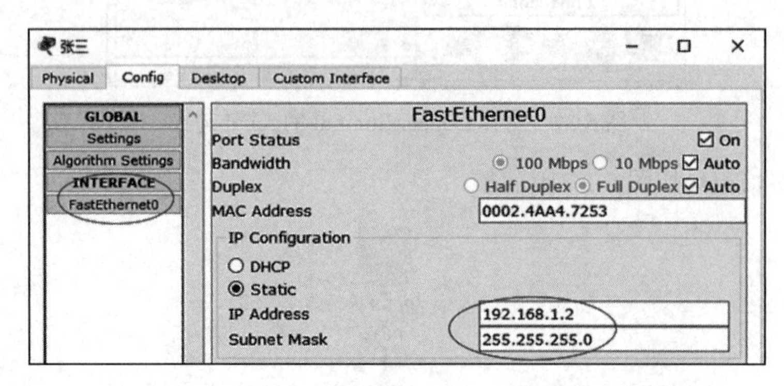

图 5-35　PC0 的 Config 选项卡——FastEthernet0 设置

（5）关闭当前的 PC 配置窗口。

（6）使用同样的方式，按表 5-4 设置 3 台服务器。

表 5-4　有线设备配置参数表

原主机名	新主机名	IP 地址	子网掩码	DNS Server
PC0	学生名（如：张三）	192.168.1.2	255.255.255.0	192.168.1.6
Server0	dns	192.168.1.6	255.255.255.0	192.168.1.6
Server1	www.bucea.edu.cn	192.168.1.7	255.255.255.0	192.168.1.6
Server2	Ftp	192.168.1.8	255.255.255.0	192.168.1.6

第 3 步：配置 DNS 服务器。

服务器 dns 作为 DNS 服务器用来完成域名的解析。配置 DNS 服务器步骤如下。

（1）单击服务器 dns，打开 dns 窗口，如图 5-36 所示。单击“Services”（服务）选项卡，再选择左侧窗格的 DNS。

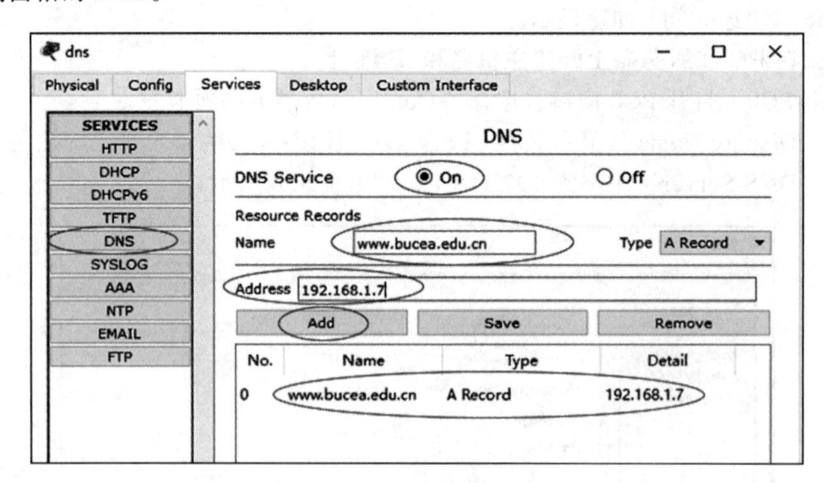

图 5-36　DNS 服务器的设置

（2）在右侧 DNS 栏目中，设置 DNS Service 为“On”。

（3）在“Name”（名称）中输入需要解析的域名“www.bucea.edu.cn”，在“Address”（地

址）中输入 DNS 服务器的 IP 地址 192.168.1.7，单击“Add”按钮，将在下面窗格中加入一条记录，实现 www.bucea.edu.cn 和 IP 地址 192.168.1.7 的映射。

（4）关闭 DNS 配置窗口。

第 4 步：配置 Web 服务器。

www.bucea.edu.cn 是 Web 服务器，用来发布学生自己编写的信息（网页）。

（1）单击服务器 www.bucea.edu.cn，打开 www.bucea.edu.cn 窗口，如图 5-37 所示。选择“Services”（服务）选项卡，再选择 HTTP。

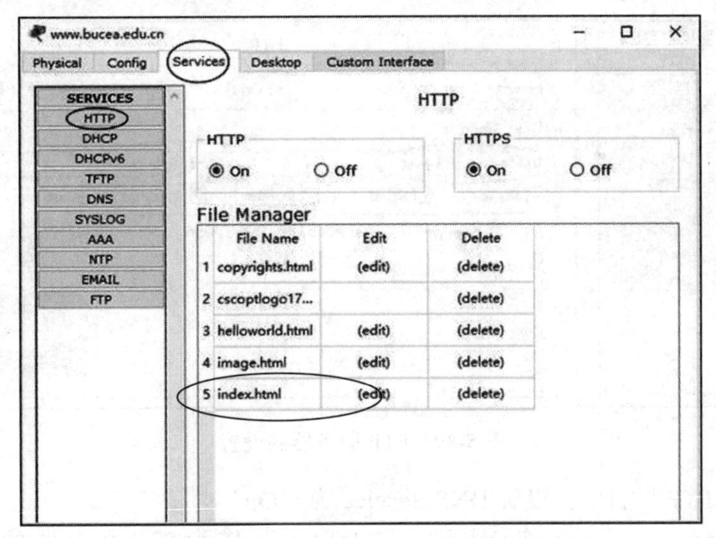

图 5-37 www.bucea.edu.cn 窗口

（2）在“File Manager”栏目中，单击文件 index.html 的“edit”，弹出图 5-38 所示的窗口，输入右下方格中的代码，将代码中的“Zhangsan”换成你自己名字的汉语拼音，单击“Save”按钮，完成网站主页的设置。

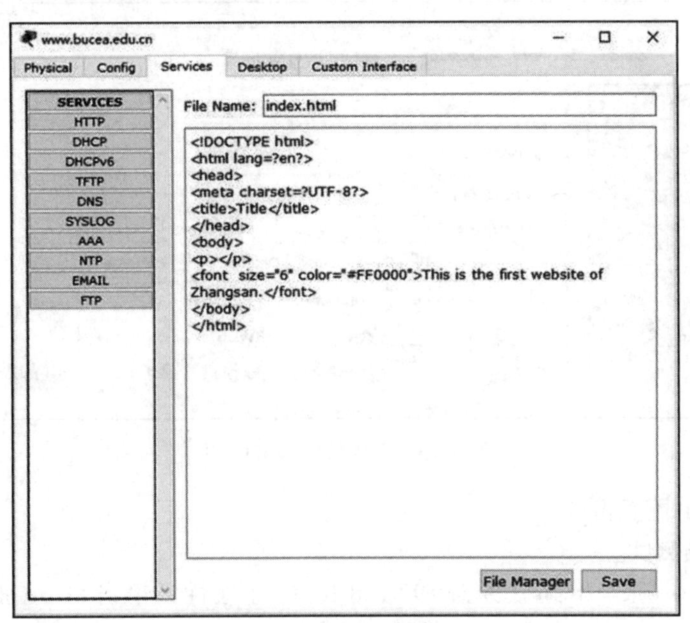

图 5-38 文件编辑窗口

（3）关闭当前文件编辑窗口。

第 5 步：配置 Ftp 服务器。

服务器 Ftp 作为 Ftp 服务器用来文件传输服务。配置 Ftp 服务器步骤如下：

（1）单击服务器 Ftp，打开 Ftp 窗口，如图 5-39 所示。单击“Services”（服务）选项卡，再选择左侧窗格的 FTP。

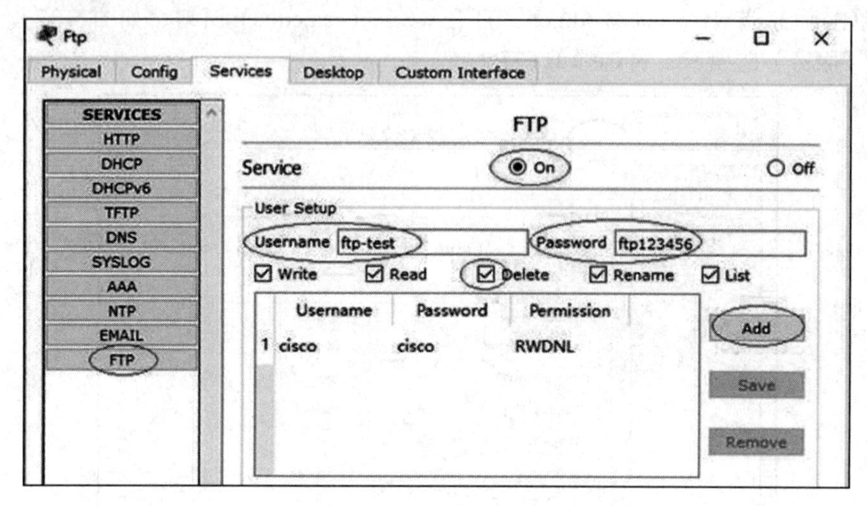

图 5-39　FTP 服务器的设置

（2）在右侧 FTP 栏目中，设置 DNS Service 为“On”。

（3）在“Username”（名称）中输入“fpt-test”作为 FTP 服务器的账户名称，在“Password”（密码）中输入账户密码（如 ftp23456），勾选账户拥有的权限（如 Delete 和 Write 等），单击“Add”按钮，将在下面窗格加入一条记录，即创建了一个文件传输服务账户，如图 5-40 所示。

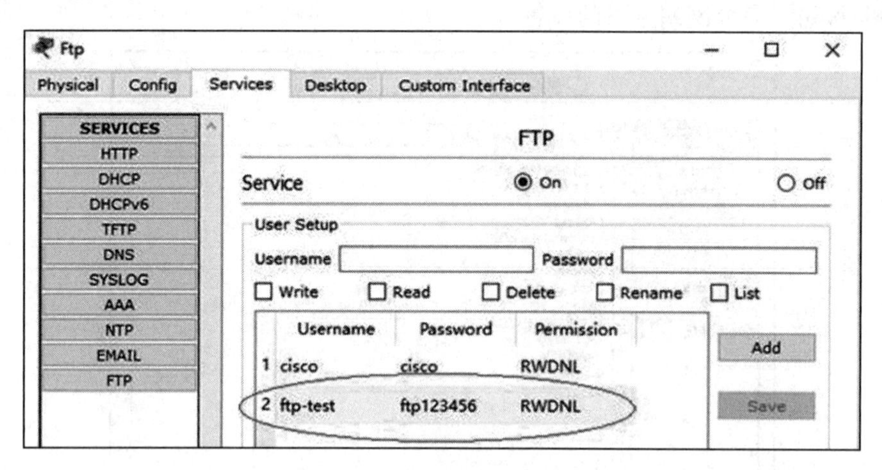

图 5-40　文件传输服务账户

（4）关闭 FTP 配置窗口。

第 6 步：连通测试。

（1）测试 PC0（张三）到服务器 192.168.1.7 的连通性：单击 PC0（张三），然后单击“Desktop”（桌面）选项卡，如图 5-41 所示。

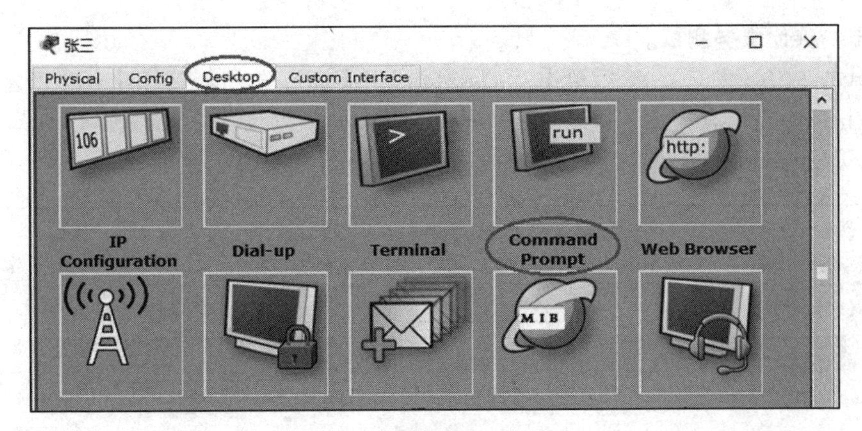

图 5-41 Desktop 选项卡

（2）在图 5-42 中单击“Command Prompt”（命令提示符），显示命令提示符对话框，在对话框中输入 ping 命令测试网络连通性。

方法一。用“ping IP 地址”命令进行测试，即

ping 192.168.1.7

方法二。用“ping 域名”命令进行测试，即

ping www.bucea.edu.cn

如果网络是连通的，则会返回四个“Reply from…”应答信息，如图 5-42 所示截取连通成功的“命令提示符”窗口（使用 ALT+PrintScreen 组合键），打开画图程序，粘贴并保存到文件夹中，文件名为“连通性测试 .png”。

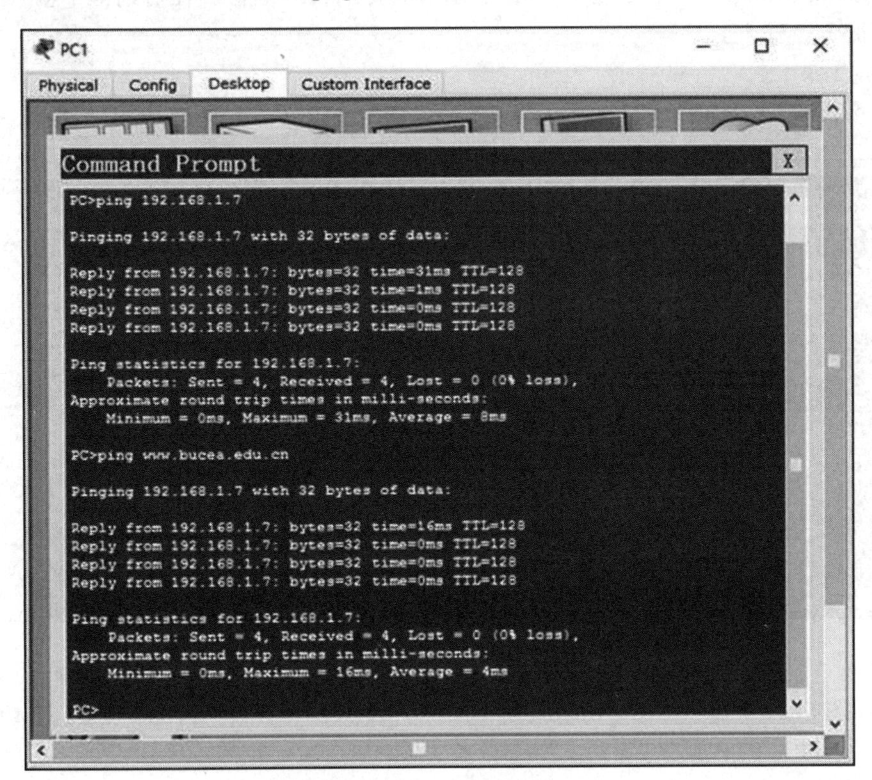

图 5-42 网络连通性测试

第 7 步：web 服务测试。

（1）单击 PC0（张三），然后单击“Desktop”（桌面）选项卡，在图 5-41 所示界面中单击“Web Browser”（web 浏览器），打开“Web Browser”对话框，如图 5-43 所示。在 URL 处输入 www.bucea.edu.cn，然后单击“Go”按钮。查看网页显示情况。

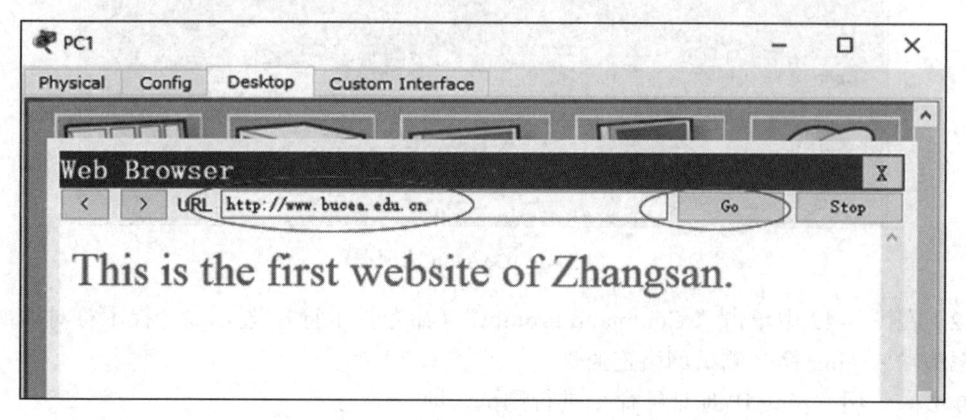

图 5-43 “Web Browser”对话框

（2）将浏览正确的结果截图，命名为“web 服务器页面截图 .png”，保存到文件夹中。

（3）关闭“Web Browser”对话框和 PC0 配置对话框。

第 8 步：FTP 服务测试。

（1）本模拟器不支持浏览器方式访问 FPT，所以只能使用命令行方式。在图 5-41 中单击“Command Prompt”（命令提示符），显示命令提示符对话框，在对话框中输入 FTP 命令测试 FTP 服务。输入：

ftp 192.168.1.8

出现如图 5-44 所示界面。

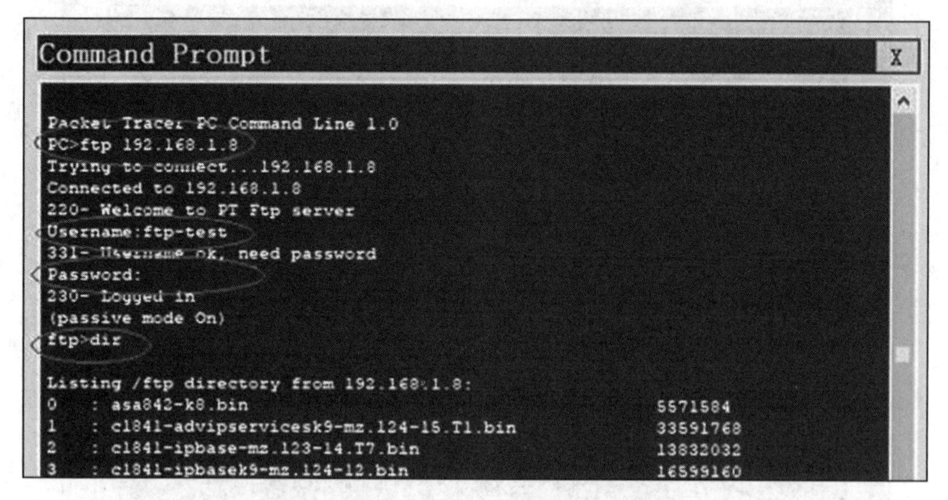

图 5-44 FTP 用户登录界面

（2）在图 5-44 中输入“Username”（如 ftp-test）并回车；输入 Password（如 ftp123456）并回车，可以进入 FTP 服务界面。

（3）在图 5-44 中可以输入 FTP 命令，完成文件的上传和下载（本软件仅可实现部分功能）。

（4）截取如图 5-44 的窗口，将截图命名为“FTP 测试 .png”，保存到文件夹中。

（5）关闭“Web Browser”对话框和 PC0（张三）配置对话框。

常用的 FTP 命令，如表 5-5 所示。

表 5-5 常用的 FTP 命令

命令名称	说明
?	打印（显示）本地帮助信息
open	连接到远程 FTP
dir	显示服务器目录和文件列表
ls	显示服务器简易的文件列表
rmdir	在远程计算机上删除目录
cd	进入服务器指定的目录
lcd	更改本地工作目录
pwd	查看 FTP 服务器上的当前工作目录
put	上传指定文件
send	上传指定文件
get	下载指定文件
mput	上传多个文件
mget	下载多个文件
close	结束与服务器的 FTP 会话
quit	结束与服务器的 FTP 会话并退出 FTP 环境
bye	终止 FTP 会话并退出

2. 保存文件。在模拟器主工作页面。依次选择“File → Save”打开保存对话框，输入文件名“班级—学号—姓名—实验 5-2.pkt”，单击“确定”按钮保存实验文件，将实验文件保存到工作文件夹中。

实验 5-3　综合实验：网络安全攻与防

一、实验目的

（1）了解网络防护和攻击的途径。

（2）学习端口的意义，了解并搜集各种常用服务所对应的端口号。

（3）了解并学会使用常见的端口扫描工具。

（4）了解网络扫描信息探测技术的原理及工具的使用。

（5）培养学生自主学习和探索精神。

二、实验要求

创建一个文件夹，文件夹名称为“班级—学号—姓名—实验 5-3”，文件夹名称中的班级、学号、姓名需替换成学生的个人信息。将完成的文档存在文件夹中提交。

三、实验内容

在信息时代，没有网络安全就没有国家安全。一个安全、稳定、繁荣的网络空间，对国家乃至世界和平与发展具有重大意义。请自行组成 2~3 人的小组，完成以下网络安全相关的实验。

1. 端口识别与常用操作。网络扫描及嗅探是黑客进行网络攻击的第一步，黑客在入侵和攻击一个目标前，必须提前对这个目标的相关信息进行搜集和分析，找出系统漏洞，从而制定攻击和入侵方案。网络管理员在日常网络管理时也需要搜集网络的相关信息，防止黑客攻击。

网络防护和攻击是一个问题的两个方面，都需要从下列步骤入手完成相关的任务：确定目标 IP 地址（一般使用 ping 命令、nslookup 命令），使用搜索引擎（如百度、必应）或 IP 查询网站（www.ip.cn）查看 IP 所属区域，使用工具进行端口扫描。

网络技术中的端口默认指的是 TCP/IP 中的服务端口，端口号为 0 ～ 65535，例如 web 服务的默认端口是 80，FTP 文件传输服务的端口是 21 等。一台主机通常可以提供 web 服务、FTP 文件传输服务、邮件的 SMTP 服务等多种服务，都是可以同时在一个 IP 上进行的。通过“IP+ 端口”来区分这些服务，让每个端口有自己的分工，又能同时使用一个 IP 地址。

请根据以下要求完成端口检查和操作。

（1）搜集以下各种常用服务所对应的端口号。

【提示】DNS、POP3、HTTP、TELNET、FTP、SMTP、SNMP、ORACLE 等。

（2）检查系统的开放窗口。

【提示】使用 netstat –a –n 命令。

（3）关闭不必要的端口。

【提示】控制面板—管理工具—服务—选择服务（双击）—选择“启动类型”为“禁止”。

（4）限制访问指定端口。

【提示】通过网络搜索相关步骤并按要求完成对某个指定端口的访问限制。

在自己的作业文件夹内创建 Word 文档，命名为“端口 .docx”，将上述操作的主要过程进行截图，保存在 Word 文档中。

2. 端口扫描。 端口扫描的最大作用是提供目标主机网络服务的清单，通常一个端口对应一种服务，端口扫描除了可以获得目标主机开放的 TCP 和 UDP 端口列表，还可以通过一些连接测试获得监听端口返回的 Banners 信息，根据这些信息，可以判断监听端口开放的服务类型和使用的软件版本。黑客经常扫描端口，再利用端口存在的漏洞对网络进行攻击。

端口扫描的类型有多种，包括 TCP Connect 扫描、TCP SYN 扫描、TCP FIN 扫描、TCP Xmas 扫描、TCP Null 扫描、TCP ACK 扫描、UDP 扫描、Ident 扫描、TCP Bounce 扫描等。高级 TCP 扫描技术中主要利用 TCP 连接的三次握手特性和 TCP 数据头中的标志位来进行。

扫描器是常用的端口扫描工具，是一种自动检测远程或本地主机安全漏洞的程序，通过使用扫描器可以发现远程主机（服务器）各种 TCP 端口的分配、提供的服务和软件版本，这些信息可以让网管直接或间接地了解主机所存在的安全问题。

扫描器采用模拟攻击的形式对主机可能存在的已知安全漏洞进行逐项检查，然后根据扫描结果提供安全性分析报告，既可以为网络管理员提高网络安全水平提供重要依据，也可以为黑客攻击主机提供帮助。扫描器通常具有 3 项功能：一是发现主机和网络；二是发现哪些服务正运行在当前主机上；三是通过测试这些服务，发现当前主机存在的漏洞。

扫描器并不是一个直接攻击系统的程序，它只能帮助发现目标主机存在的弱点。一个好的扫描器能对它得到的数据进行分析，帮助查找目标主机的漏洞，但不能提供攻击的详细步骤。常用的扫描器有 Nmap、SuperScan、SSS、X-Scan 等。

请使用至少两种扫描器（如 X-Scan 和 Nmap）对实验网络进行扫描，比较扫描结果，看看有什么不同。

以 Nmap（v7.6）为例，完成下列扫描操作，IP 地址根据实验具体情况指定。

（1）UDP 扫描

nmap –sU 192.168.2.1xx

（2）SYN 扫描

nmap –sS 192.168.2.1xx

（3）FIN 扫描

nmap –sF 192.168.2.1xx

（4）ICMP 扫描

nmap –sP 192.168.2.100-200

（5）OS 识别

nmap –sS -O 192.168.2.1xx

扫描结束后，保存分析结果报告，截取相关信息保存到 Word 文档中，命名为“扫描结果 .docx”。

3. 网络嗅探。

（1）网络嗅探原理

安装了嗅探器的计算机能够接收网络中计算机发出的数据包，并对这些数据进行分析。

以太网是基于广播方式传送数据的，所有的物理信号都要经过主机节点。TCP/IP 栈中的应用协议大多数以明文在网络上传输，明文数据可能会包含一些敏感信息（如账号、密码、银行卡号等）。使用嗅探工具后，计算机就能接收所有流经本地计算机的数据包，从而能够获取敏感信息。

（2）网络嗅探工具

网络管理员使用嗅探器可以随时掌握网络的真实情况，搜索网络漏洞和检测网络性能，当网络性能急剧下降的时候，可以通过嗅探器分析网络流量，找出网络阻塞的来源。但是，黑客使用嗅探器可以获取网络中的大量敏感信息，进行 ARP 欺骗，很多攻击方式都涉及 ARP 欺骗，如会话劫持和 IP 欺骗。黑客使用嗅探器可以轻松截获在网上传送的用户账号、验证码、口令、身份证、银行卡号等信息，冒充用户消费或套现。常用嗅探工具有 Sniffer Pro、SmartSniff、Wireshark、Omnipeek、dSniff、Ettercap 等。

请使用 Sniffer Pro 嗅探实验小组成员使用的网络。使用 Wireshark 嗅探学校机房使用的网络。并分析嗅探结果，嗅探分析可考虑以下内容：

- 网络信息流通量。
- 探测企图入侵网络的攻击。
- 探索滥用网络资源的情况。
- 探测网络入侵后的影响。
- 监测网络使用流量（内部用户、外部用户和系统）。
- 监测互联网和用户计算机的安全状态。
- 获取管理员账号与密码等信息。
- 渗透与欺骗。

嗅探结束后，保存分析结果报告，截取相关信息保存到 Word 文档中，命名为“嗅探结果 .docx”。

4. 攻击或入侵。黑客攻击通常会利用漏洞扫描工具扫描一个 IP 地址段，找到有漏洞的计算机。再使用漏洞攻击工具攻击找到的漏洞。黑客可以通过远程控制软件，远程控制别人的计算机。

请使用端口扫描和网络嗅探得到的信息，利用网络的漏洞对网络进行入侵和攻击。

【提示】搜索使用“冰河”进行远程控制的案例，了解其危害和入侵方式。

在自己的作业文件夹内创建 Word 文档，命名为“危害 .docx”，把你的认识写在文档中。

5. 网络安全防护。每一个网民都有必要掌握网络防护的有效措施，做好网络安全防范，保护网络信息安全。网络安全防护有以下技术：安全加密技术、网络防火墙技术、扫描出系统漏洞并给漏洞打上补丁等。

请使用一种能查找网络安全漏洞的工具，利用优化系统配置和打补丁等各种方式最大可能地弥补最新的安全漏洞和消除安全隐患。

【提示】可以使用 Open-AudIT、Netsurveyor WiFi Scanner、Advanced IP Scanner、Angry IP Scanner、Nmap、NSS、SATAN、JAKAL 和 XSCAN 等。

网络安全防护工具应用结束后，保存分析结果报告，截取相关信息保存到 Word 文档中，命名为“网络安全防护 .docx”。

实验 6-1　数据库的创建与使用

一、实验目的

（1）掌握数据库和表的创建方法。
（2）掌握各种类型的字段的定义方法。
（3）理解主键和外键的概念及设置方法。
（4）掌握使用查询工具和 SQL 结构化查询语言创建查询的方法。

二、实验内容

创建一个文件夹用来存放本实验所创建的数据库文件，文件夹名称为“班级—学号—姓名—实验 6-1”，文件夹名称中的班级、学号、姓名需要替换为学生的个人信息。

1. 创建数据库。创建一个 MySQL 数据库，命名为“图书管理”。

【提示】打开 Navicat 环境，连接 MySQL 数据库。连接设置可参照图 6-1。注意，如果使用的 Navicat 中已经创建了与 MySQL 数据库的连接，可以直接右击现有连接，进行“新建数据库”的操作。

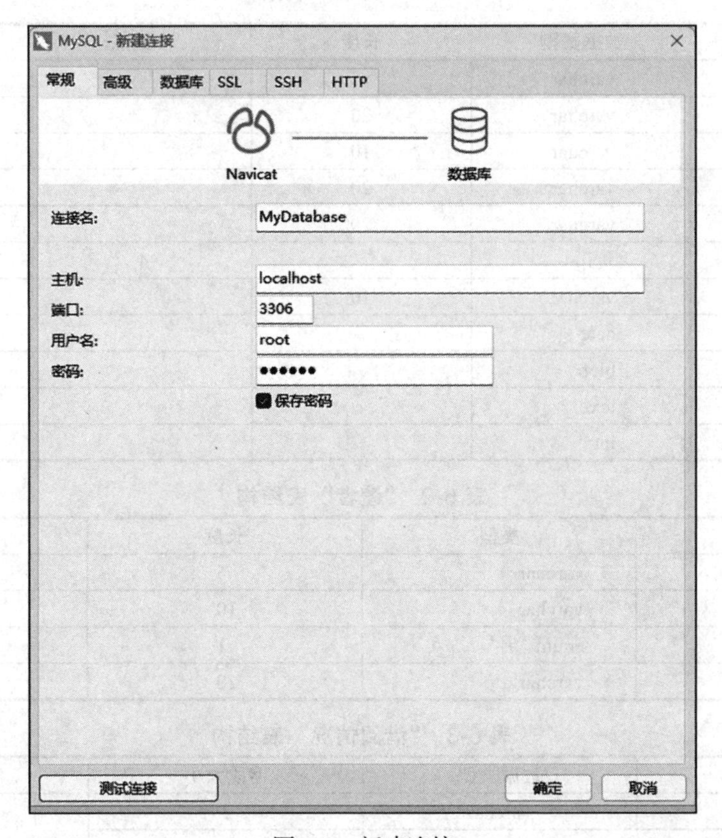

图 6-1　新建连接

在 MySQL 连接中，右击单击菜单，在弹出的窗口中选择“新建数据库”，参照图 6-2 完成新建数据库设置。

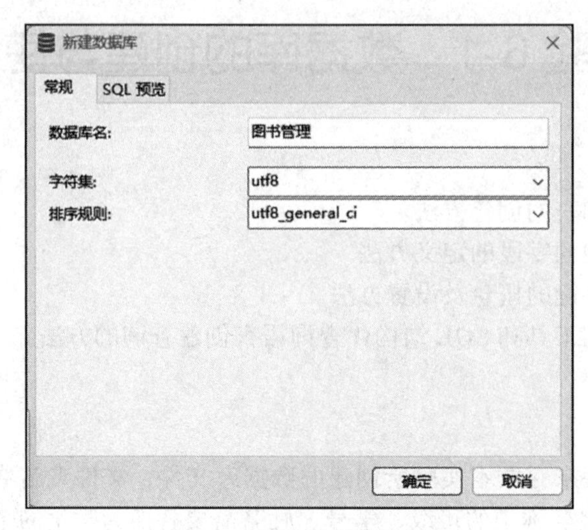

图 6-2　新建数据库设置

2. 在数据库中创建表。建立“图书”表、“读者”表和“借阅情况”表，各表结构如表 6-1 ～表 6-3 所示。

表 6-1　“图书”表结构

字段名称	数据类型	长度	小数点	约束
书号	varchar	5		主键、非空
书名	varchar	20		
作者	varchar	10		
出版社	varchar	20		
ISBN	varchar	20		
定价	货币		1	
图书类别	varchar	10		
出版日期	date			
封面	blob			
内容简介	text			
库存	int			

表 6-2　“读者”表结构

字段名称	类型	长度	约束
借书卡号	varchar	5	主键
姓名	varchar	10	
性别	enum‘男’,’女’	1	
部门	varchar	20	

表 6-3　“借阅情况”表结构

字段名称	数据类型	字段大小	约束
借书卡号	varchar	3	联合主键
书号	varchar	5	

（续）

字段名称	数据类型	字段大小	约束
借书日期	date		
应还日期	date		
还书日期	date		

【提示】

（1）新建表：右键单击数据库下面的“表”对象，在弹出的菜单中选择“新建表”。然后在图 6-3 所示的表设计视图中定义各字段的名称及其他属性。定义完成后单击快速访问工具栏的“保存”按钮保存表。

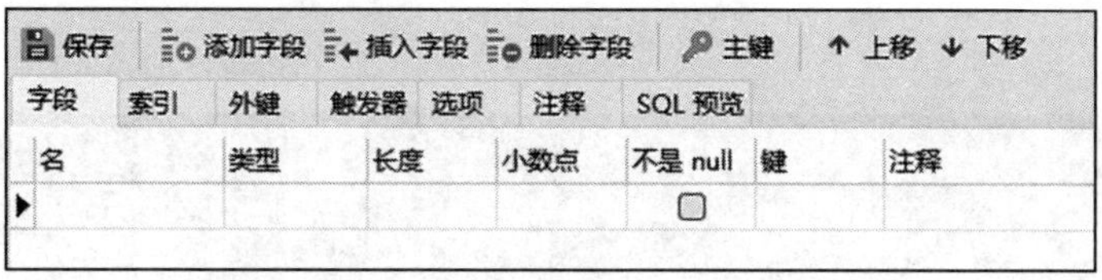

保存 添加字段 插入字段 删除字段 主键 上移 下移

字段 索引 外键 触发器 选项 注释 SQL 预览

名	类型	长度	小数点	不是 null	键	注释

图 6-3 “设计表”界面

（2）外键设置：借阅情况表中的借书卡号和书号是该表的主键，同时也分别是读者和图书表中的外键。借阅情况表的外键设置参考图 6-4 完成。

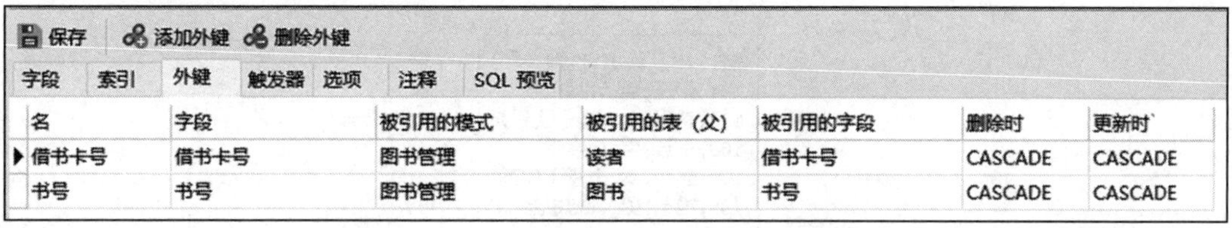

保存 添加外键 删除外键

字段 索引 外键 触发器 选项 注释 SQL 预览

名	字段	被引用的模式	被引用的表（父）	被引用的字段	删除时	更新时
借书卡号	借书卡号	图书管理	读者	借书卡号	CASCADE	CASCADE
书号	书号	图书管理	图书	书号	CASCADE	CASCADE

图 6-4 “借阅情况”表的外键选项卡设置

3. **向表中添加数据**。向图书表中手工录入数据，如图 6-5 所示。其中，图书封面和内容简介可从提供的实验素材中获取或自己查找书目资料填入。

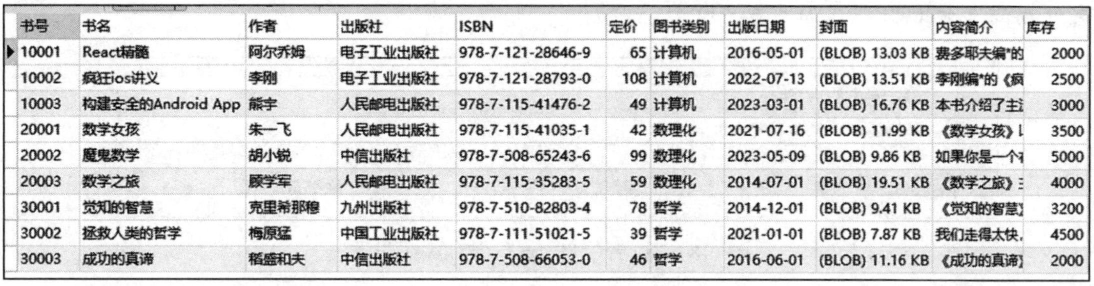

书号	书名	作者	出版社	ISBN	定价	图书类别	出版日期	封面	内容简介	库存
10001	React精髓	阿尔乔姆	电子工业出版社	978-7-121-28646-9	65	计算机	2016-05-01	(BLOB) 13.03 KB	费多耶夫编*的	2000
10002	疯狂ios讲义	李刚	电子工业出版社	978-7-121-28793-0	108	计算机	2022-07-13	(BLOB) 13.51 KB	李刚编*的《疯	2500
10003	构建安全的Android App	熊宇	人民邮电出版社	978-7-115-41476-2	49	计算机	2023-03-01	(BLOB) 16.76 KB	本书介绍了主	3000
20001	数学女孩	朱一飞	人民邮电出版社	978-7-115-41035-1	42	数理化	2021-07-16	(BLOB) 11.99 KB	《数学女孩》	3500
20002	魔鬼数学	胡小锐	中信出版社	978-7-508-65243-6	99	数理化	2023-05-09	(BLOB) 9.86 KB	如果你是一个	5000
20003	数学之旅	顾学军	人民邮电出版社	978-7-115-35283-5	59	数理化	2014-07-01	(BLOB) 19.51 KB	《数学之旅》	4000
30001	觉知的智慧	克里希那穆	九州出版社	978-7-510-82803-4	78	哲学	2014-12-01	(BLOB) 9.41 KB	《觉知的智慧	3200
30002	拯救人类的哲学	梅原猛	中国工业出版社	978-7-111-51021-5	39	哲学	2021-01-01	(BLOB) 7.87 KB	我们走得太快,	4500
30003	成功的真谛	稻盛和夫	中信出版社	978-7-508-66053-0	46	哲学	2016-06-01	(BLOB) 11.16 KB	《成功的真谛	2000

图 6-5 “图书”表内容

【提示】双击“图书”表，进入数据表视图录入数据。录入“图书”表中的封面字段（blob 类型）时，可以单击窗格上方默认的“文本”按钮，在下拉菜单中选择“图像”，在下方操作框中单击加载按钮，在打开的对话框中选择需要添加的图片文件。主要操作步骤如图 6-6 所示。

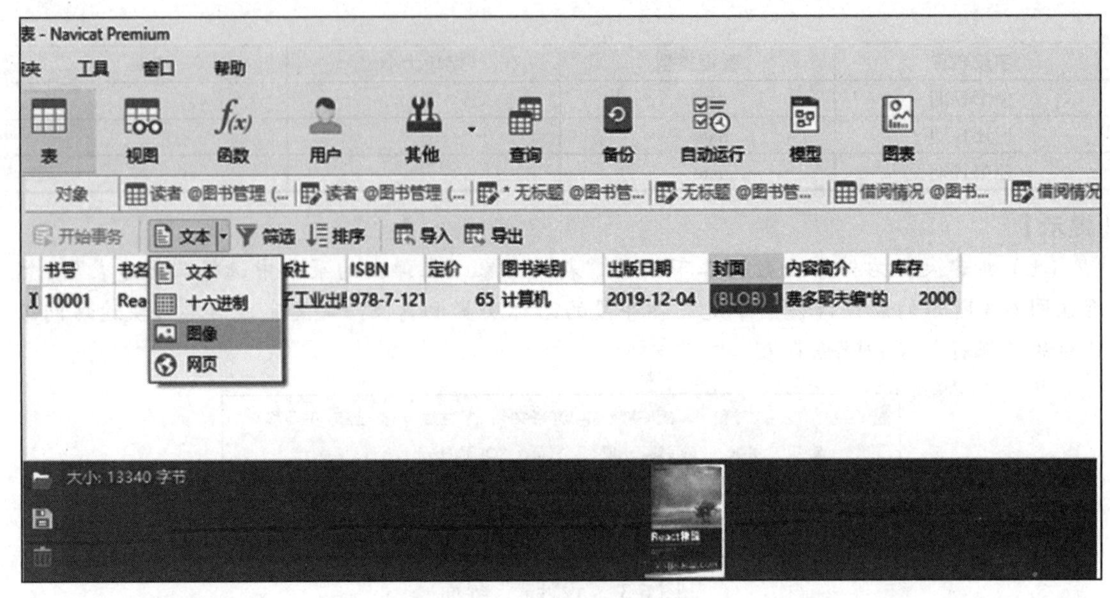

图 6-6　图片类型字段填充

4. 导入外部数据。数据库表中的数据也可以从外部数据（文本文件）中直接导入。新建一个记事本文件，输入图 6-7 所示内容，并将其导入到“读者”表中。

```
借书卡号,姓名,性别,部门
101,张三,男,计算机系
102,李四,女, 电子工程系
103,王五,男,化学系
104,赵六,女,电子工程系
105,钱七,男,计算机系
```

图 6-7　“读者信息 .txt”记事本文件内容

【提示】

（1）输入完成后，将文件以“读者信息 .txt”为文件名保存在你的文件夹下。保存时将文件编码选为 UTF-8，如图 6-8 所示。

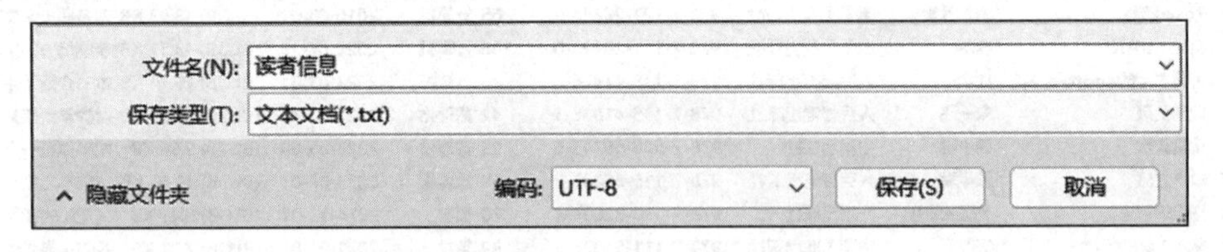

图 6-8　“读者信息 .txt”保存编码设置

（2）打开“读者”表后，单击“导入”按钮，根据打开的“导入向导”对话框完成导入。导入类型选择“文本文件 (*.txt)”。数据源中指定“读者信息 .txt”的存储位置，并确定编码为“65001 (UTF-8)”。导入向导中的分隔符设置如图 6-9 所示。

记录分隔符“CRLF”表示支持回车换行符作为记录分隔标志，即开始一条新的记录。字段分隔符表示使用特定的符号界定每个字段，此处选择“逗号 (,)”。文本识别符号表示记事本中每个字段内容的开始和结束符号，此处为空。MySQL 将双引号和为空的识别符视为相同，即如果文本内容为“103”“王五”“男”“化学系”，文本识别符也可以设为双引号或为空。

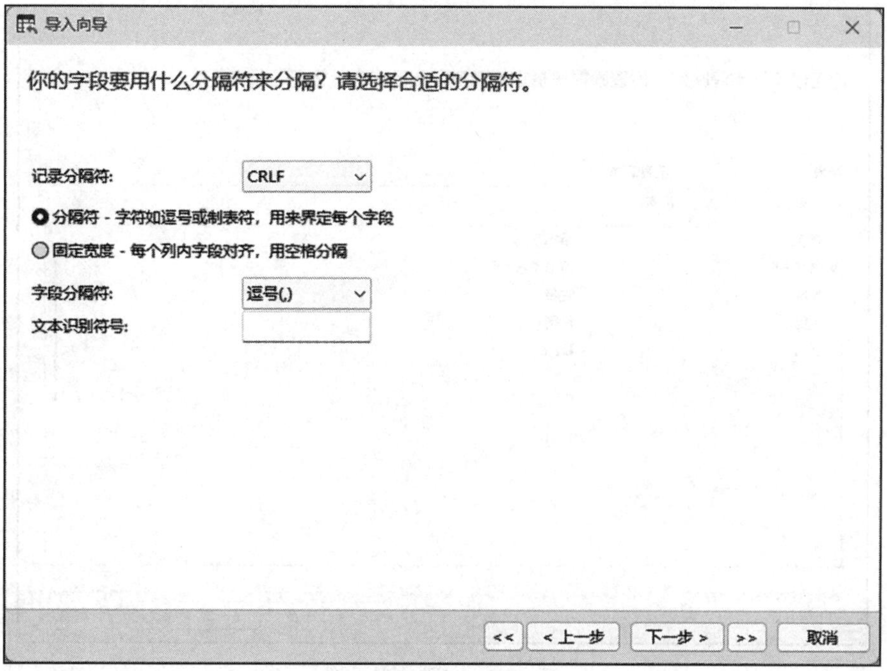

图 6-9 分隔符设置

在导入向导的附加选项中，指定“字段名行”为“1”,“第一个数据行”为“2”,与记事本内容对应。如果要将记事本的内容全部导入到数据表中，“最后一个数据行”为空即可。如图 6-10 所示。

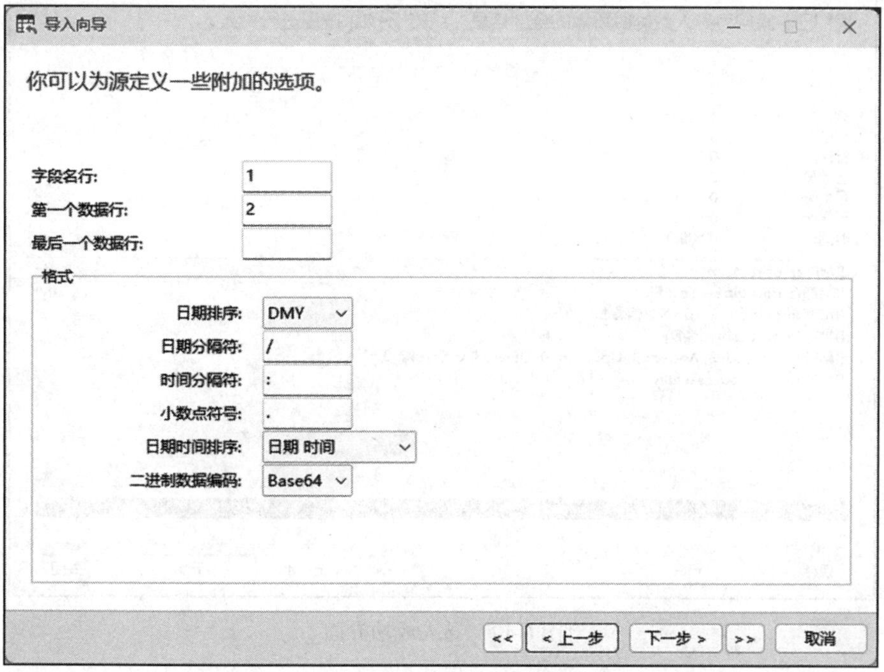

图 6-10 附加选项设置

导入向导的源表选择“读者信息”，目标表选择“读者”。并参考图 6-11 定义字段映射。

导入向导

你可以定义字段映射。设置映射来指定的源字段和目的字段之间的对应关系。

源表:　读者信息

目标表:　读者

源字段	目标字段	主键
借书卡号	借书卡号	🔑
姓名	姓名	
性别	性别	
部门	部门	

<< 　< 上一步　下一步 >　>>　取消

图 6-11　字段映射设置

导入模式选择“追加”即可。设置完成后单击“开始”按钮进行导入。如出现图 6-12 所示的信息则表示导入成功。

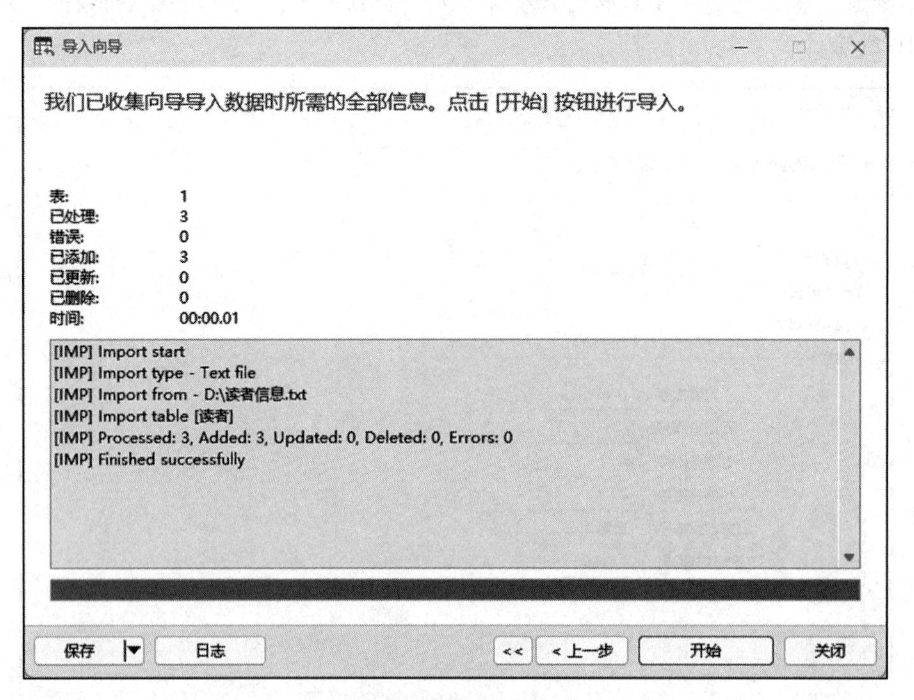

图 6-12　导入成功界面

在 Navicat 环境中刷新“读者”表，可以看到成功导入的五条记录，如图 6-13 所示。

开始事务　文本 ▾　筛选　排序　导入　导出

借书卡号	姓名	性别	部门
101	张三	男	计算机系
102	李四	女	电子工程
103	王五	男	化学系
104	赵六	女	电子工程
105	钱七	男	计算机系

图 6-13　“读者”表内容

请将 Excel 文件内容导入到数据库“借阅信息”表中。新建一个 Excel 文档，输入如图 6-14 所示的内容，将该文件命名为“借阅信息 .xlsx”，保存在你的文件夹下。再将“借阅信息 .xlsx”中的数据导入到数据库“借阅情况”表中。

	A	B	C	D	E
1	借书卡号	书号	借书日期	应还日期	还书日期
2	101	10001	2022/9/1	2022/12/1	2022/11/1
3	101	30001	2022/9/2	2022/12/2	2022/11/2
4	101	20001	2022/9/3	2022/12/3	
5	103	20001	2022/9/4	2022/12/4	2022/11/4
6	103	30002	2022/9/5	2022/12/5	2022/11/5
7	103	30003	2022/9/6	2022/12/6	
8	104	10002	2022/9/7	2022/12/7	2022/11/7
9	104	10003	2022/9/8	2022/12/8	2022/11/8

图 6-14　“借阅信息 .xlsx”文件内容

【提示】

（1）Excel 文件中数据的导入过程与记事本文件的导入过程类似。注意导入类型选择“Excel 文件（*.xls;*.xlsx）”。

（2）“借阅情况”文件对应数据表“借阅信息”，要求“借阅信息”表的外键“借书卡号”和“书号”中的内容必须在“读者”和“图书”两个父表中已经存在，否则会出现外键约束报错。

5. 使用查询创建工具创建查询。

【要求 1】使用查询创建工具查询所有图书的书名、作者和出版社，如图 6-15 所示。将生成的查询结果名称替换成你自己的班级、学号和姓名。

信息　结果 1　剖析　状态

书名	作者	出版社
React精髓	张三	电子工业出版社
疯狂ios讲义	李刚	电子工业出版社
构建安全的Android App	熊宇	人民邮电出版社
数学女孩	朱一飞	人民邮电出版社
魔鬼数学	胡小锐	中信出版社
数学之旅	顾学军	人民邮电出版社
觉知的智慧	李四	九州出版社
拯救人类的哲学	梅原猛	中国工业出版社
成功的真谛	稻盛和夫	中信出版社

图 6-15　查询所有图书的作者、书名和出版社

【提示】

（1）在“图书管理”数据库操作界面下单击“新建查询”按钮，在弹出的查询创建窗格中单击上方的“查询创建工具”，出现图6-16所示的界面。

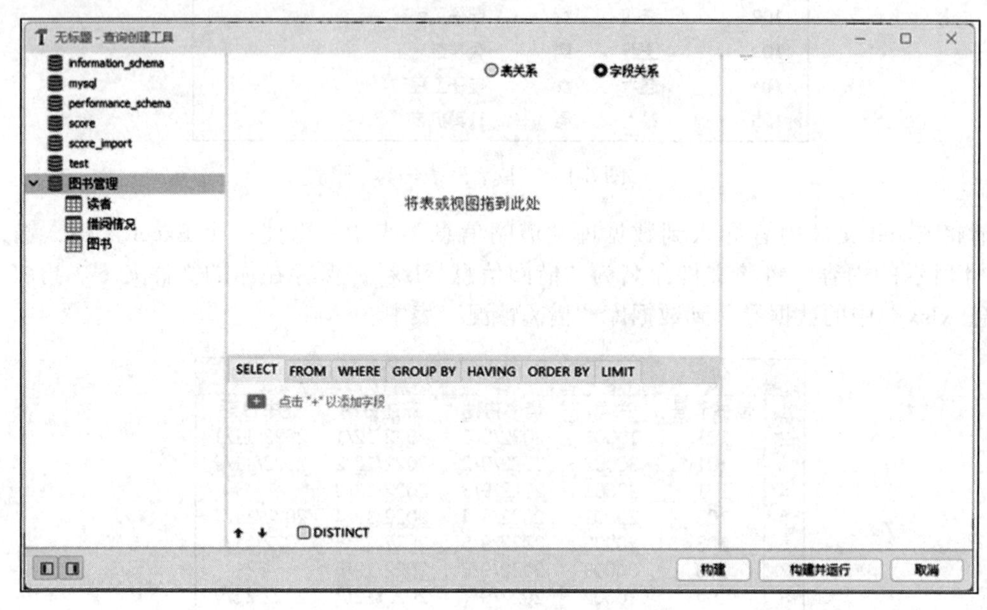

图6-16 “查询创建工具”界面

（2）根据查询向导提示，将“图书”表拖曳到主窗口中，并选择需要查询的字段，如图6-17所示。

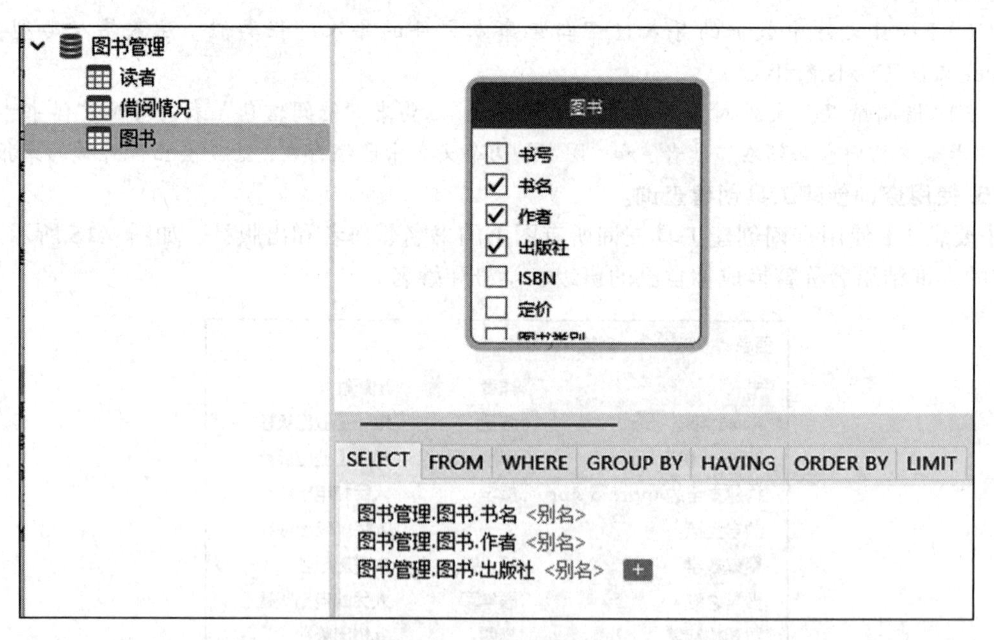

图6-17 选择表和字段

（3）单击“构建并运行”按钮后即可生成查询。生成查询之后如果需要修改查询，可以单击“查询创建工具”，然后进行修改。

【要求 2】查询所有借阅“计算机”类图书的读者和图书相关信息，查询显示字段包括姓名、部门、应还日期、书名和图书类别，查询结果保存为“班级—学号—姓名—查询 2”。查询结果如图 6-18 所示。

信息　结果 1　剖析　状态

姓名	部门	应还日期	书名	图书类别
张三	计算机系	2022-12-01	React精髓	计算机
赵六	电子工程系	2022-12-07	疯狂ios讲义	计算机
赵六	电子工程系	2022-12-08	构建安全的Android App	计算机

图 6-18　查询“计算机”类图书的相关信息

【提示】

（1）将该查询用到的三张表都拖入查询创建窗格中，勾选需要显示的字段。

（2）在查询窗格下方的“WHERE”选项卡中，有“<值>=<值>”的条件设置模板，分别单击“<值>”的位置，将其设置为图书类别为计算机的条件。设置结果如图 6-19 所示。

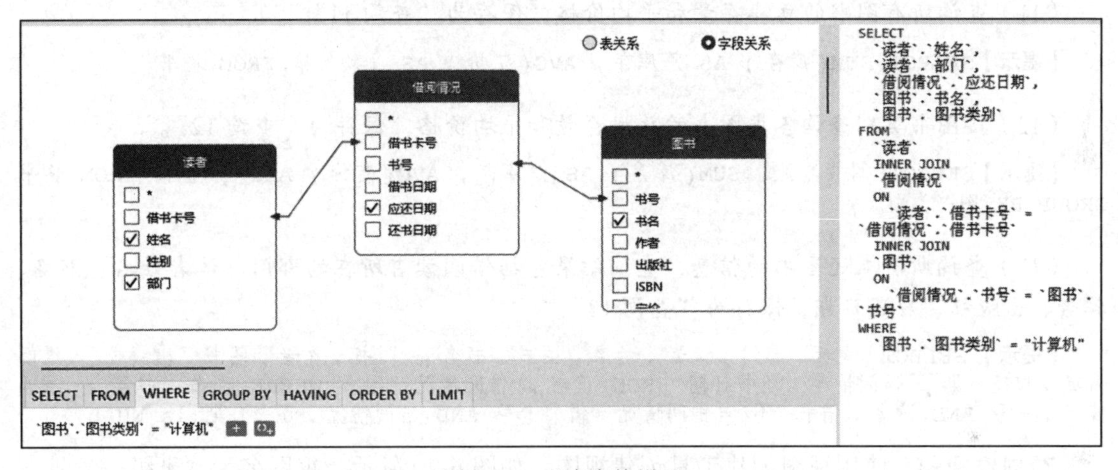

图 6-19　查询窗格设置

6. 使用 SQL 语句实现查询。选定查询需要操作的数据库后，单击“新建查询”选项卡按钮，或者双击左侧数据库对象中的“查询”，在查询窗格的空白区域中输入查询语句，完成以下查询。

（1）查询“图书”表的全部图书记录，保存为“查询 1”。

【提示】`SELECT * FROM 图书`

（2）查询“图书”表的书名、作者、出版社信息，保存为“查询 2”。

【提示】`SELECT 书名，作者，出版社 FROM 图书`

（3）查询“图书”表中的所有出版社，保存为“查询 3”(去除重复的出版社名称)。

【提示】`SELECT DISTINCT 出版社 FROM 图书`

（4）查询“图书”表的前 4 条记录，保存为“查询 4”。

【提示】`SELECT * FROM 图书 LIMIT 4`

（5）查询“读者”表中姓名为“王五”的读者信息，保存为“查询 5”。

【提示】SELECT * FROM 读者 WHERE 姓名 = "王五"

（6）查询“图书”表中作者姓李的所有图书记录，保存为“查询 6”。

【提示】SELECT * FROM 图书 WHERE 作者 LIKE "李%"

（7）查询 2016 年 1 月 1 日以前出版的图书名称、出版社、出版日期，保存为“查询 7”。

【提示】SELECT 书名，出版社，出版日期 FROM 图书 WHERE 出版日期 <'2016-01-01'>

（8）查询“图书”表中“中信出版社”出版的哲学类图书信息，保存为“查询 8”。

【提示】SELECT * FROM 图书 WHERE 出版社 = "中信出版社" and 图书类别 =" 哲学 "

（9）查询定价在 50～100 元之间的图书的书名、定价，保存为“查询 9”。

【提示】SELECT 书名，定价 FROM 图书 WHERE 定价 >=50 and 定价 <=100

（10）查询所有图书的书名、定价，定价按降序排序，保存为“查询 10”。

【提示】SELECT 书名，定价 FROM 图书 ORDER BY 定价 DESC

（11）查询所有图书的总库存量和平均价格，保存为“查询 11”。

【提示】SELECT SUM(库存) AS 总库存，AVG(定价) AS 平均价格 FROM 图书。

（12）按图书类别查询各类图书的总库存量和平均价格，保存为“查询 12”。

【提示】SELECT 图书类别，SUM(库存) AS 总库存，AVG(定价) AS 平均价格 FROM 图书 GROUP BY 图书类别。

（13）查询所有未还图书的信息，查询结果包括借阅读者所在的部门、读者姓名、书名、作者、出版社、应还日期，保存为“查询 13”。

【提示】SELECT 读者 . 部门，读者 . 姓名，图书 . 书名，图书 . 作者，图书 . 出版社，借阅情况 . 应还日期，借阅情况 . 还书日期 FROM 读者，借阅情况，图书 WHERE 图书 . 书号 = 借阅情况 . 书号 AND 读者 . 借书卡号 = 借阅情况 . 借书卡号 AND 借阅情况 . 还书日期 is NULL

7. 创建视图。使用视图创建工具创建视图，如图 6-20 所示，视图名为“班级—学号—姓名—视图 1”。

信息　结果 1

姓名	借书日期	书名	作者	定价
张三	2022-09-01	React精髓	阿尔乔姆	65
张三	2022-09-03	数学女孩	朱一飞	42
张三	2022-09-02	觉知的智慧	克里希那穆	78
王五	2022-09-04	数学女孩	朱一飞	42
王五	2022-09-05	拯救人类的哲学	梅原猛	39
王五	2022-09-06	成功的真谛	稻盛和夫	46
赵六	2022-09-07	疯狂ios讲义	李刚	108
赵六	2022-09-08	构建安全的Android App	熊宇	49

图 6-20　视图创建结果

【提示】单击“视图创建工具”，根据提示向导创建视图。

右击“图书管理”数据库，选择“转储 SQL 文件”，按步骤导出数据库文件。确认自己的文件夹中包含“图书管理 .sql”数据库文件，按教师要求提交作业，并自行做好数据库的备份。

实验 6-2　综合实验：身边的数据库

一、实验目的

（1）了解数据库的应用场景。

（2）掌握 E-R 图的设计和绘制。

（3）掌握数据库的设计和管理方法。

二、实验要求

创建一个文件夹用来存放本实验所创建的数据库设计报告（包括数据库需求分析和 E-R 图设计）和数据库文件，文件夹名称为“班级—学号—姓名—实验 6-2”，文件夹名称中的班级、学号、姓名需要替换为学生的个人信息。

三、实验内容

1. 调研“身边的数据库”。调研身边的各种应用系统（如成绩管理系统、学籍管理系统、就医管理系统和图书管理系统等）背后的数据库支撑。绘制数据库的 E-R 图。

2. 实现“身边的数据库”。选定你感兴趣的且有意义的应用背景，创建并完成相关数据库的设计。可参考以下数据库设计背景。

（1）班级红色旅游数据库。调研班级同学游览过的红色胜地旅游信息，建立数据库。可包含学生基本信息表、旅游胜地信息表（省份、景点数目、票价和美食等）、旅游体验表（景点、时间、出行方式和费用）等。

（2）专业就业数据库。调研本专业毕业 5 ～ 10 年的毕业生就业情况，建立数据库。可包括毕业生信息表、公司企业信息表、从业就职信息表。

（3）领航学者数据库。调研本领域的优秀从业者（本校或外校毕业），建立数据库。以建筑领域为例，可包括领航学者信息表（姓名、性别、院校、专业、毕业年份、就业公司和所获荣誉等字段）、建筑作品信息表（名称、地点、建筑面积、用途、开工时间、竣工时间、特色和图片等）、领航学者作品表（设计）。

每个数据库需要提交的内容包括以下三部分。

（1）数据库需求分析。主要分析相应应用系统中需要的数据，确定用户需要对数据进行何种操作。进而完成数据定义分析、数据完整性分析、数据操作分析和数据安全分析。

（2）E-R 图设计。用 E-R 图完成数据库的概念模型，表示数据表的名称、数据表的属性、数据表之间的关系等。

（3）Navicat 数据库设计。利用 Navicat 完成上述数据库选题的设计。并生成至少 10 项查询结果。

实验 7-1　逻辑推理训练

一、实验目的

（1）理解逻辑思维的基本概念。

（2）理解命题的概念，掌握命题的判断方法。

（3）掌握命题符号化方法。

（4）掌握真值表的构建方法。

（5）掌握逻辑推理的基本方法。

二、实验要求

创建一个 Word 文档，将文档命名为“班级—学号—姓名—实验 7-1”，文件夹名称中的班级、学号、姓名需替换成学生的个人信息。按照每道题目的要求，将推理过程整理到该 Word 文档中，最后提交 Word 文档。

三、实验内容

1. 选举预测。某岛上有四个政党——A 党、B 党、C 党和 D 党。X、Y、Z 三个人推测这四个政党中哪个党能在即将来临的大选中获胜。他们三人的推测如下所述。

X 认为：不是 A 党获胜，就是 B 党获胜。

Y 确信：获胜的不会是 A 党。

Z 表示：无论是 B 党还是 D 党，都没有获胜的可能。

已知，他们当中只有一个人的推测是对的。而且四个政党只有一个政党获胜，不存在两个及两个以上党派同时获胜的情况。请用真值表法判断到底是哪个政党获胜？

2. 分配电影票。工会发放两张电影票，工会主席犯了难，因为：

- 如果张三去，王五就去。
- 李四和王五不能同时去。
- 要么张三去，要么赵六去。
- 王五和赵六只能去一个。

请用真值表法帮助工会主席决定如何发放电影票。有几种可行方案？

3. 植物大战僵尸。在植物大战僵尸的游戏中，有些植物必须和另一些植物混合搭配才行，有些植物在某些场景不能出现。现在有五种植物，需要选个三个植物出场，出场约束如下所述。

- 要么寒冰射手出现，要么豌豆射手出现。
- 寒冰射手和火炬树桩不能同时出现。
- 磁力菇和咖啡豆必须同时出现，或同时不出现。
- 只有豌豆射手出现时，火炬树桩才出现。

请用真值表法求解该场景应该选择哪三个植物出场。

4. 出国遴选。学校组织老师出国访学，有四位老师申请出国，但由于课程安排和名额限制，不能满足所有老师的要求，现在出国的名额只有两个，考虑课程安排，限制出国的约束如下：

- 如果张老师出国，则王老师也出国。
- 如果王老师不出国，则孙老师出国。
- 如果孙老师出国，则张老师和李老师不能出国。
- 如果李老师出国，则孙老师必须留下，反之亦然。

请分别用真值表、完全归纳法和等值演算法判断有几种遴选方法，如何遴选？

实验 7-2　综合实验：奥运会大预测

一、实验目的

（1）了解逻辑思维的应用场景。

（2）掌握逻辑推理的设计思路。

（3）掌握用真值表求解逻辑推理。

二、实验要求

创建一个 Word 文档，将文档命名为“班级—学号—姓名—实验 7-2”，文件夹名称中的班级、学号、姓名需替换成学生的个人信息。按照每道题目的要求，将推理过程整理到该 Word 文档中，最后提交该 Word 文档。

三、实验内容

在 2024 年的巴黎奥运会上，我们国家的运动员会有什么精彩的表现呢？请自行组成 4 人小组，进行奥运会大预测的游戏。

（1）小组中的一人担任裁判长，开启“神预测”。参照之前几届奥运会的金牌榜，裁判长预测中、英、美、俄四个国家的金牌名次和四个国家的银牌总数，并预测中国第一场乒乓球比赛中双打队员的选派情况。裁判长写下的“神预测”不能告知其他三位小组成员。

（2）裁判长请其他三位同学进行预测，并参考三位同学的预测情况生成金牌名次、银牌总数和乒乓球双打队员选派的三个逻辑推理题目。逻辑推理题目中，一道题对应“每个人猜对了一半”，一道题对应“只有一人猜对”，一道题对应满足 4 ～ 5 条约束的选派。

（3）裁判长请其他三位同学求解逻辑推理题目，并写出求解过程。

（4）轮换“裁判长”角色，拿到“裁判长”角色的同学，重复步骤（1），写下“神预测”，并根据“神预测”设计步骤（2）中的逻辑推理题目，请其他同学完成推理。

【提示】设丁同学为裁判长，甲、乙、丙三人为猜测队员。

裁判长的“神预测”为：

- 金牌名次依次是英、美、中、俄。
- 四个国家银牌数目为英 20，美 30，中 40，俄 15。
- 我国乒乓球双打队员在 A、B、C、D 中选派 A 和 C。

题目设计举例如下。

逻辑推理设计 1：“每个人猜对了一半”。

中、英、美、俄四个国家的金牌名次是怎么样的呢？

甲说：“中国第一，美国第二。”

乙说：“英国第二，俄国第四。”

丙说：“中国第二，俄国第四。”

三人的估计都不全对，但都对了一半，问中、英、美、俄四国金牌名次。注意，本题中不包含名次并列的情况。

逻辑推理设计2："只有一人猜对"。

中、英、美、俄四个国家的银牌数是怎样的呢（候选匹配答案：40，30，20，15）？

甲说："英国40，且中国15。"

乙说："美国15，且英国20。"

丙说："中国40，且俄国15。"

结果三人中，只有一人全预测对，请问谁猜对了？

逻辑推理设计3：满足5条约束的选派。

乒乓球一直是我国的传统优势项目。在一场双打人员选派中，有A、B、C、D四名运动员，已知选派运动员时需要满足以下5条约束，请问应该派谁上场？

- A和B只能派一个。
- 要么派C，要么派B。
- 如果派D，那么一定不能派A。
- 如果不派D，必须派C。
- 如果派B，则C和D都不能派。

实验 8-1　数据分析与数据预处理

一、实验目的

（1）掌握数据清洗的方法。
（2）掌握箱形图的绘制及分析。
（3）掌握离散化数据的方法及分析。
（4）掌握帕累托图的绘制及分析。
（5）掌握数据的统计分析方法及分析。

二、实验要求

创建一个文件夹用来存放本实验所创建的文件，文件夹名称为“班级—学号—姓名—实验 8-1”，文件夹名称中的班级、学号、姓名需替换成学生的个人信息。实验中出现用“姓名”命名的文件时，均需替换为自己的名字。按步骤完成题目要求，每一步的完成结果放置在 Excel 原始数据右侧，或根据教师提供的表格填写。

三、实验内容

1. 数据质量分析之数据清洗——不一致数据和特殊符号。从教师处获取图 8-1 所示的 Excel 数据文件“ original-weather.xlsx”，或自行创建该文件。“ original-weather.xlsx ”文件中列举了一组关于天气的数据片段，用于预测是否可以举办大型团体活动。每条记录包含的属性有 Date（日期编号）、Outlook（天气）、Temp（气温）、Humidity（湿度）、Windy（风力）、Play（举办活动）。其中 Temp 是连续的数值型数据，其他是离散的标称型数据。

	A	B	C	D	E	F
1	Date	Outlook	Temp	Humidity	Windy	Play
2	Date1	Sunny	86℉	High	FALSE	No
3	Date2	Sunny	24℃	High	TRUE	No
4	Date 3	Overcast	22℃	High	FALSE	Yes
5	Date 4	Rainy	15℃	High	FALSE	Yes
6	Date 5	Rainy	9℃	Normal	FALSE	Yes
7	Date 6	Rainy	8℃	Normal	TRUE	No
8	Date 7	Overcast	7℃	Normal	TRUE	Yes
9	Date 8	Sunny	18℃	High	FALSE	No
10	Date 9	Sunny	5℃	Normal	FALSE	Yes
11	Date 10	Rainy	20℃	Normal	FALSE	Yes
12	Date 11	Sunny	17℃		TRUE	Yes
13	Date 12	Overcast		High	TRUE	Yes
14	Date 13	Overcast	28℃	Normal	FALSE	Yes
15	Date 14	Rainy	62.6℉	High	TRUE	No
16	Date 15		-15℃	Normal	TRUE	No
17	Date 16	Sunny	47℃	Normal	FALSE	Yes

图 8-1　天气数据表

在这个数据片段中包含有脏数据（缺失值、不一致的数据以及特殊符号），现在请按照下列要求对数据进行预处理。

（1）对不一致的数据和特殊符号进行数据清洗。

（2）用众数替换法对缺失的离散型数据进行插补。

（3）用平均值替换法对缺失的连续型数据进行插补。

完成上述操作后，将该Excel文件另存到自己的文件夹中，命名为“姓名-weather1.xlsx”。

【提示】

（1）Temp列数据的类型不统一，可以将℉转换为℃。℃为特殊符号，需要删除。

（2）Outlook和Humidity列中有缺失数据，利用每列的众数进行插补。

（3）Temp列中的缺失数据，利用其他Temp值的平均值进行填补。

2. 数据质量分析之数据清洗——异常值处理。打开实验内容1中插补后的天气数据文件，将该文件另存到你的文件夹下，命名为“姓名-weather2.xlsx”，针对其中的Temp列，利用Excel绘制箱形图，并完成下面填空。其中，部分填空内容可以直接从箱形图读数填写，其他数据请用Excel公式或函数进行计算（见各数据后面括号中的说明）。

（1）样本容量=____________。（计算）

（2）最小值=______________。（计算）

（3）最大值=______________。（计算）

（4）第一分位数Q1=____________。（读图）

（5）第二分位数（中位数）Q2=_____________。（读图）

（6）第三份位数Q3=______________。（读图）

（7）内距QD=______________。（计算，Q3−Q1）

（8）平均值=________________。（计算）

（9）Whisker下限=______________。（读图）

（10）Whisker上限=______________。（读图）

（11）Whisker下限（理论值）=______________。（计算，Q1−1.5QD）

（12）Whisker上限（理论值）=______________。（计算，Q3+1.5QD）

（13）异常点=______________。（通过判断直接填写，如有多个，按从小到大排序，中间用逗号隔开）

完成上述填空后，删除异常值所在的行记录，保存该文件为“姓名-weather2.xlsx”。

【提示】

（1）绘制箱形图的方法：首先选中Temp列的数据，单击“插入”选项卡上的“图表”组右下角的箭头按钮，在打开的对话框的“所有图表”选项卡上选择“箱形图”，单击“确定”按钮。如图8-2所示，生成指定数据区域的箱形图。

然后，在“图表工具”组的“设计”选项卡上，在“图表布局”工具组的“添加图表元素”下拉列表中，单击“其他数据标签选项”，则在图表上会显示所需要的数据标签，如图8-3所示。

（2）Excel中的计数函数为COUNT，求最大值函数为MAX，求最小值函数为MIN，求平均值函数为AVERAGE。

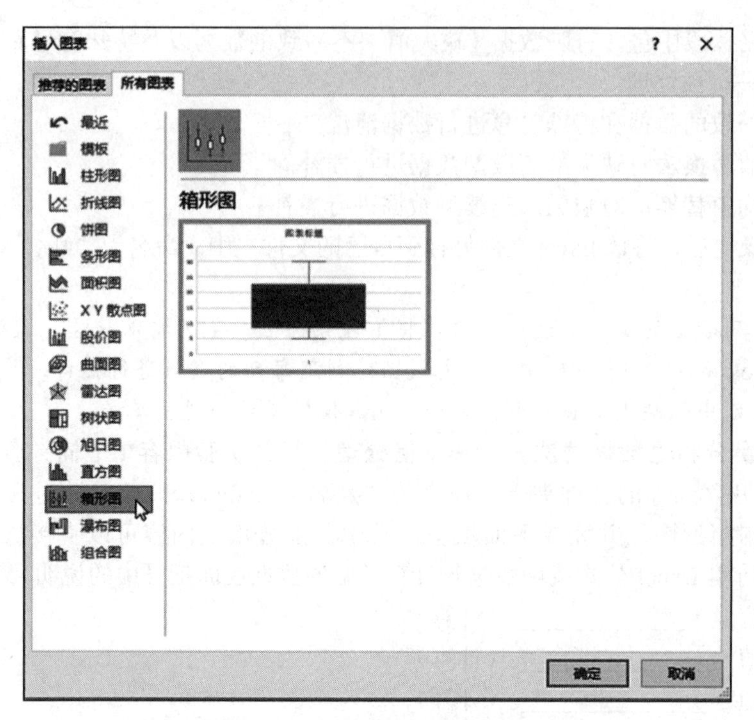

图 8-2　指定生成“箱形图”

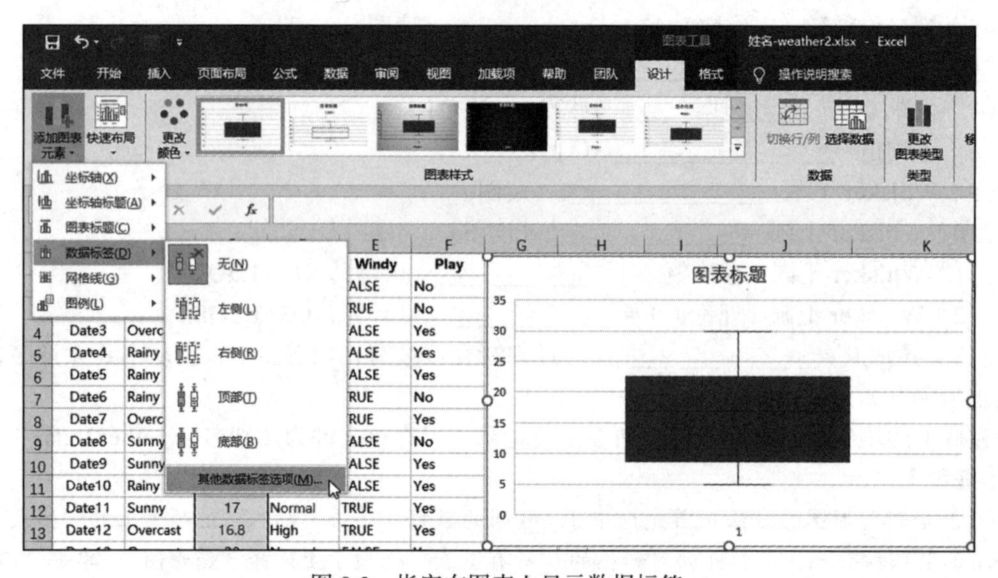

图 8-3　指定在图表上显示数据标签

3. 数据特征分析之分布分析——离散分箱。打开第 2 题删除异常点后的天气数据文件“姓名 -weather2.xlsx”，将该文件另存到你的文件夹下，命名为“姓名 -weather3.xlsx”，针对其中的 Temp 列数据，请分别采用等频分箱法、等宽分箱法、聚类分箱法，以及手工分箱法，对数据进行离散化处理，每种方法都分别装入三个箱子中。按图 8-4 所示在 Excel 表的相应位置进行填空，并比较以上四种数据分箱法的异同。具体包括：

（1）对 Temp 列数据按从小到大排序，并填空。

（2）对 Temp 列数据进行等频分箱，并填空。

（3）对 Temp 列数据进行等宽分箱，并填空。

（4）对 Temp 列数据进行聚类分箱，并填空。

（5）对 Temp 列数据按照以下规则进行手工分箱，并填空。手工分箱法的依据为：气温低于 10℃（不含 10℃）为 Cool，10-20℃为 Mild，20℃以上（不含 20℃）为 Hot。

（6）将 Temp 列数值型数据按照手工分箱的划分原则分箱后，改为离散的标称型数据，也就是将 Temp 列的数据改用 Cool、Mild 或 Hot 表示，然后保存该 Excel 文件为“姓名 -weather3.xlsx”。

G	H	I	J
	(1) 对Temp列进行从小到大排序:		
	(2) 等频分箱		
	第一箱:		
	第二箱:		
	第三箱:		
	(3) 等宽分箱		
	第一箱:		
	第二箱:		
	第三箱:		
	(4) 聚类分箱		
	第一箱:		
	第二箱:		
	第三箱:		
	(5) 手工分箱		
Cool	第一箱:		
Mild	第二箱:		
Hot	第三箱:		

图 8-4　各种分箱法的填写位置

4. **数据特征分析之统计分析——统计分析应用**。从教师处获取图 8-5 所示的 Excel 数据文件，或自行创建该文件。文件中的数据代表了某次竞赛甲队和乙队的学生成绩段分组统计人数。

	A	B	C	D	E	F	G	H
1	分数		[40,50)	[50,60)	[60,70)	[70,80)	[80,90)	[90,100]
2	人数	甲队	2	5	10	13	14	6
3		乙队	4	4	16	2	12	12

图 8-5　成绩统计表

请在当前 Excel 工作表中完成以下计算，将计算结果填入当前表格数据的下方，参考格式如图 8-6 所示（图中阴影部分为待填写的数据）。完成计算并分析后，以“姓名 - 统计分析应用 .xlsx”为文件名保存到你自己的文件夹中。

（1）两队数据的近似中位数（小数点后保留 2 位）是多少？

（2）两队数据的平均值分别是多少？

（3）两队数据的众数分别是多少？

（4）两队数据的方差分别是多少？

（5）两队数据的离散系数分别是多少？

（6）如果组队去市里比赛，甲乙两队应该选哪队去参赛，为什么？

	A	B	C	D	E	F	G	H	I	J
1	分数		[40,50)	[50,60)	[60,70)	[70,80)	[80,90)	[90,100)	每队总人数	
2	人数	甲队	2	5	10	13	14	6		
3		乙队	4	4	16	2	12	12		
4		组中值								
5										
6			每队总人数N	N/2	中位数区间	L1	(∑freq) l	(freq) median	width	median
7	近似中位数	甲队								
8		乙队								
9										
10	平均值	甲队								
11		乙队								
12										
13	众数	甲队								
14		乙队								
15										
16	方差	甲队								
17		乙队								
18										
19	离散系数	甲队								
20		乙队								
21										
22	分析:	......								

图 8-6　统计分析应用表填空示意图

【提示】

（1）近似中位数的计算公式为：

$$\text{median} = L_1 + \left(\frac{\frac{N}{2} - \left(\sum \text{freq}\right)_l}{\text{freq}_{\text{median}}} \right) \times \text{width}$$

其中，L_1 是中位数区间的下限，N 是样本数据的容量（这里为总人数），$(\sum\text{freq})_l$ 是低于中位数区间的频数和，$\text{freq}_{\text{median}}$ 是中位数所在区间的频数，width 是中位数所在区间的宽度。

（2）每一队数据的平均值的计算公式为：

$$x = \frac{\sum(f \times x_c)}{n}$$

其中，x_c 为各分组区间的组中值，f 为各分组区间数据的频数，n 为样本数据的容量。

（3）每一队数据众数的计算方法有两种，一种是下限公式：

$$m_0 = L + \frac{\Delta_1}{\Delta_1 + \Delta_2} \times d$$

另一种是上限公式：

$$m_0 = U - \frac{\Delta_2}{\Delta_1 + \Delta_2} \times d$$

其中，L 表示众数所在组的下限，U 表示众数所在组的上限，Δ_1 表示众数所在组的频数与其前一组的频数之差，Δ_2 表示众数所在组的频数与其后一组的频数之差，d 表示众数所在组的组距。

（4）每一队的方差计算公式为：

$$\sigma^2=\frac{\sum_{i=1}^{n}(x_i-\overline{x})^2 f_i}{\sum_{i=1}^{n}f_i-1}$$

其中，f_i 为第 i 组的数据容量，$\overline{x}$ 为平均值，$x_i-\overline{x}$ 为离差，又称偏差。

（5）离散系数计算公式为：

$$V_\sigma=\frac{\sigma}{\overline{x}}$$

其中，σ 为标准差，即方差的平方，$\overline{x}$ 为平均值。

5. 数据特征分析之贡献度分析——帕累托法则应用。冲压车间某制件在加工的过程中，经常出现毛刺、缺边、磕碰、起皱、开裂、划伤等问题，由每一种问题所造成的停工时间、各问题停工时间占总停工时间的百分比和向下累计百分比如图 8-7 所示，图中数据已经按停工时间从大到小排序。从教师处获取图 8-7 所示的 Excel 数据文件，或自行创建该文件，将文件命名为“姓名 -Pareto.xlsx”。按步骤完成绘图，每一步的绘图结果放置在 Excel 原始数据右侧，顺序排列。

	A	B	C	D
1	不良原因	停工时间	百分比	累计百分比
2	毛刺	50	31.8%	31.8%
3	缺边	40	25.5%	57.3%
4	磕碰	30	19.1%	76.3%
5	起皱	20	12.7%	89.2%
6	开裂	10	6.4%	95.5%
7	划伤	5	3.2%	98.7%
8	其他	2	1.3%	100.0%
9	合计	157		

图 8-7 冲压车间某制件问题引起的停工时间分布

请根据给出的数据绘制如图 8-8 所示的帕累托图，并根据帕累托图分析影响停工时间的主要问题，明确当前的工作重点是什么。

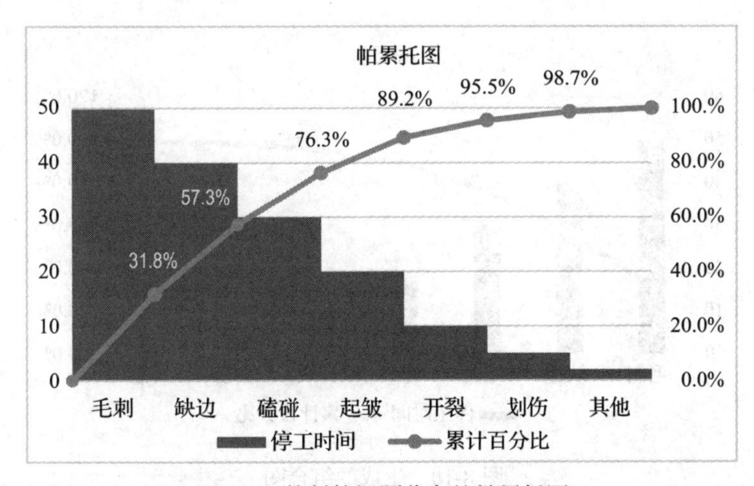

图 8-8 某制件问题分布的帕累托图

【提示】生成帕累托图的主要操作步骤如下。

（1）在原表中的第一行之前插入一个空行，在其累计百分比位置填写 0.0%。按 Ctrl 键，拖动鼠标选中 A1、B1、D1、A3:B9 和 D3:D9 区域，选择“插入”选项卡，在“图表”功能区中单击“推荐的图表”按钮，弹出“插入图表”对话框，在“所有图表”选项卡中左边列表区域单击“组合图”，然后在右侧“图表区”的上方单击“自定义组合”图标，在右下角将系列 2 改为“带标记的堆积折线图”，并勾选“次坐标轴”。如图 8-9 所示。

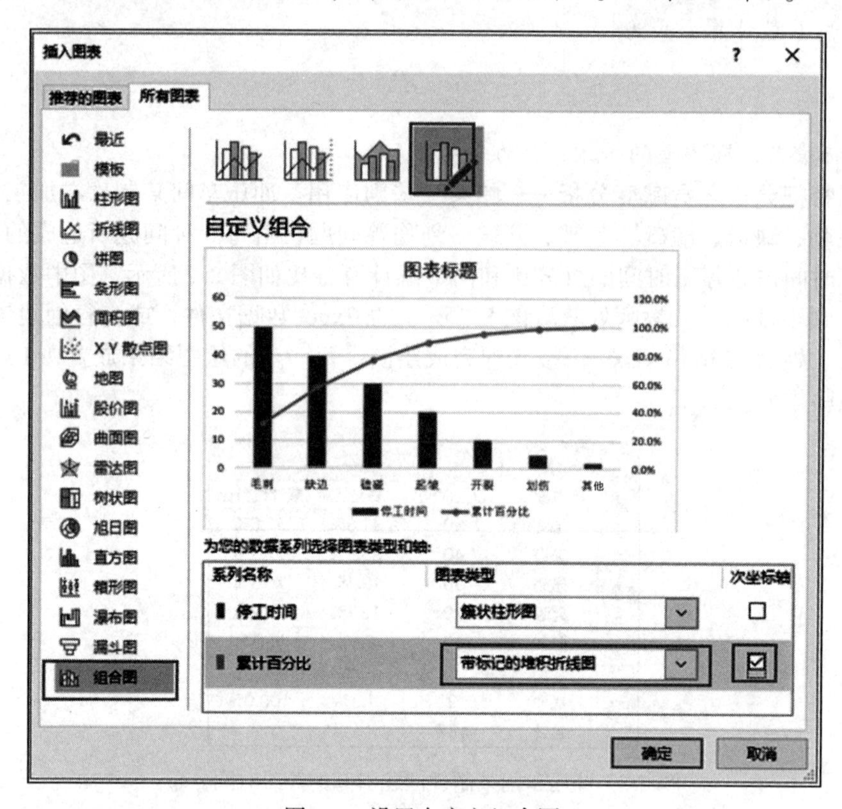

图 8-9　设置自定义组合图

单击“确定”按钮，生成图 8-10 所示的图表。

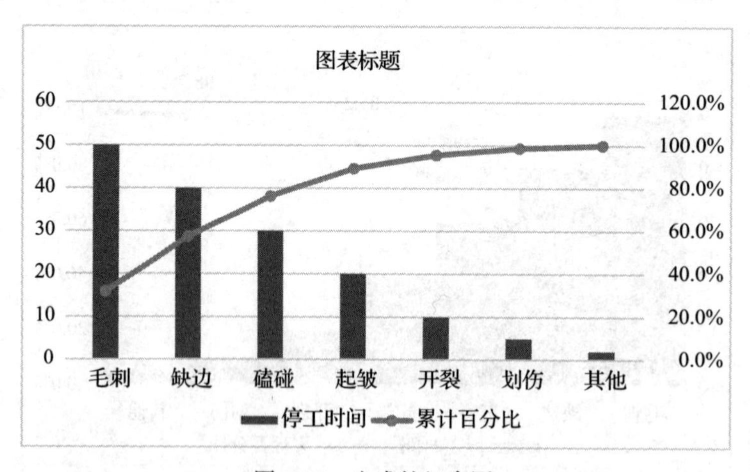

图 8-10　生成的组合图

（2）单击“图表标题”，将其改为“帕累托图”。选中图表，在“图表工具”组的“设计”选项卡上，从“图表工具”组的“添加图表元素”下拉列表中选择“坐标轴”为“次要横坐标轴”，如图 8-11 所示。添加次要横坐标轴后的图表如图 8-12 所示。

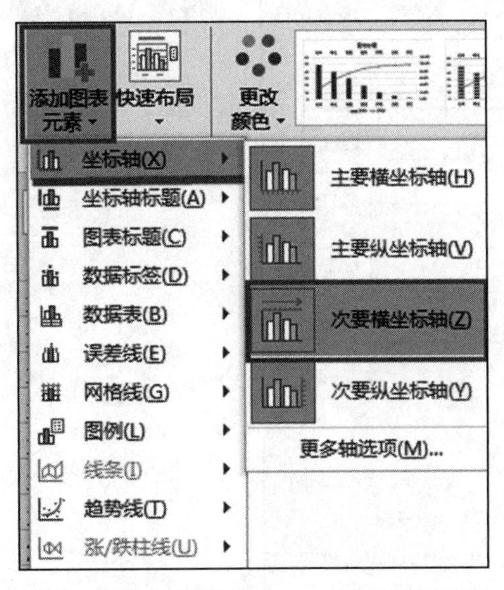

图 8-11 添加图表元素——次要横坐标轴

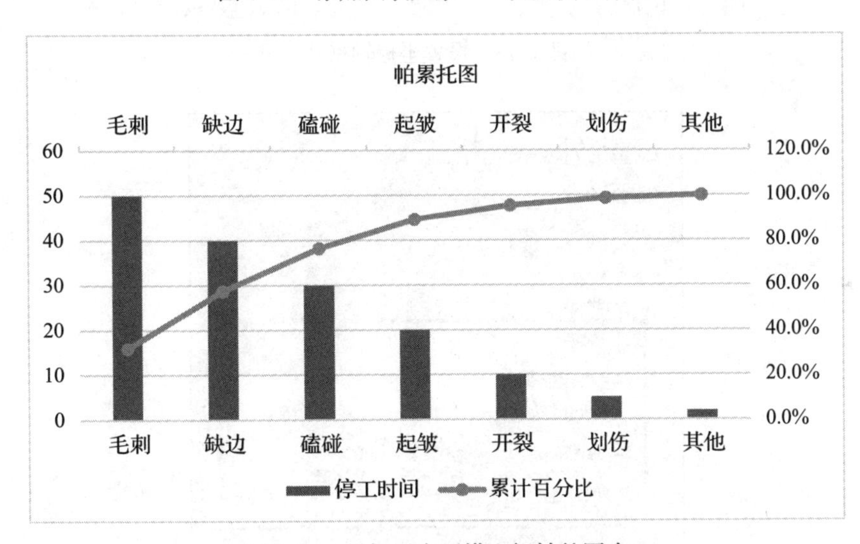

图 8-12 添加了次要横坐标轴的图表

（3）设置坐标轴格式：右击主纵坐标轴，从快捷菜单中选择“设置坐标轴格式”，在右侧打开的窗格中设置主纵坐标轴最小值为 0，最大值为 50，单位“大”设置为 10，则单位“小”为 2；用同样的方法设置次纵坐标轴，最小值为 0，最大值为 1，单位“大”设置为 0.2，则单位“小”0.04，如图 8-13 所示。

（4）单击选中停工时间系列柱形图，右击鼠标，从快捷菜单中选择“设置数据系列格式”，在打开的窗格中设置数据系列格式，按图 8-14 所示设置系列 1 的间隙宽度为 0%，设置后的图表效果如图 8-15 所示。

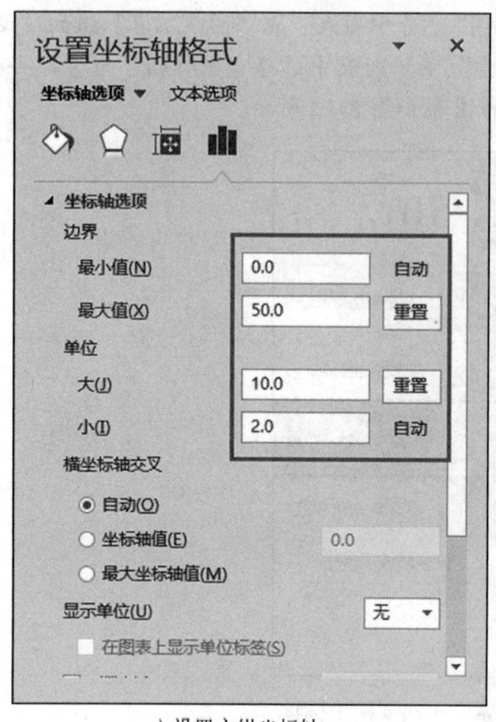

a）设置主纵坐标轴

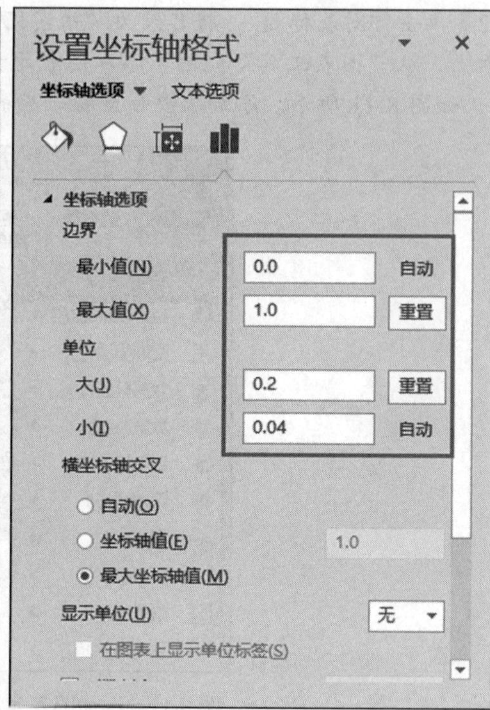

b）设置次纵坐标轴

图 8-13　设置坐标轴格式

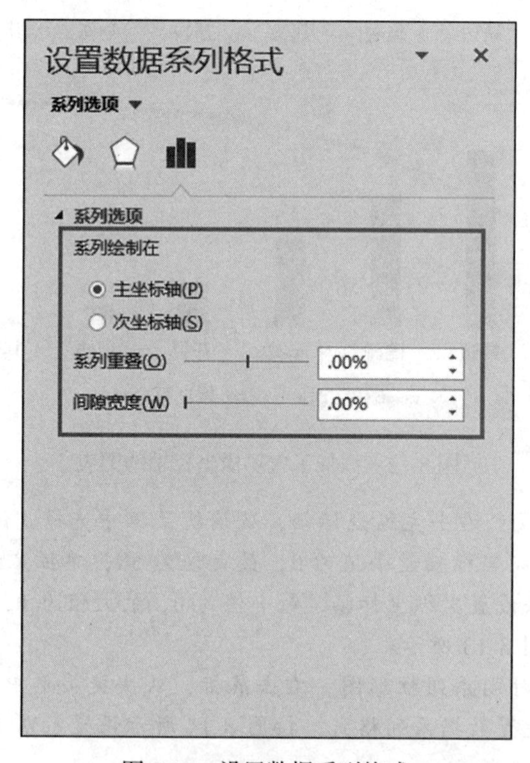

图 8-14　设置数据系列格式

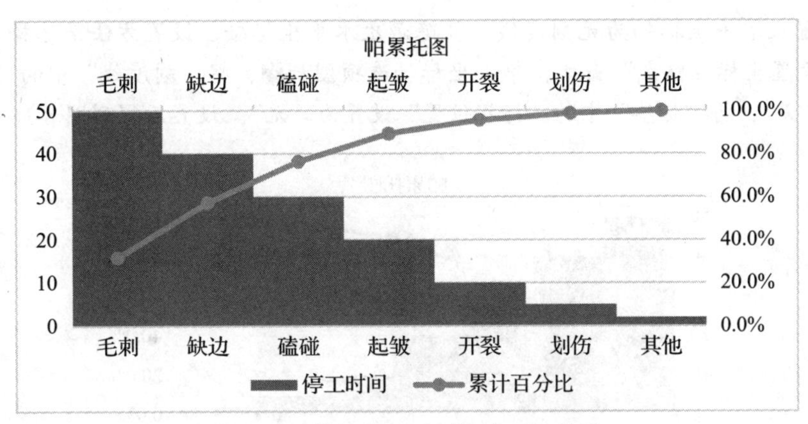

图 8-15　修改数据系列格式后的效果

（5）对完成的基本帕累托图进行调整。将带标记的折线图起点设置为 0，操作方法如下。单击带标记的折线图，将数据源右上角的句柄向上扩展，包含 D2 单元格的 0.0% 点，如图 8-16 所示。

	C	D
1	百分比	累计百分比
2		0.0%
3	31.8%	31.8%
4	25.5%	57.3%
5	19.1%	76.3%
6	12.7%	89.2%
7	6.4%	95.5%
8	3.2%	98.7%
9	1.3%	100.0%

	C	D
1	百分比	累计百分比
2		0.0%
3	31.8%	31.8%
4	25.5%	57.3%
5	19.1%	76.3%
6	12.7%	89.2%
7	6.4%	95.5%
8	3.2%	98.7%
9	1.3%	100.0%

图 8-16　修改数据源

选中次水平坐标，将其坐标轴位置由原来默认的“刻度线之间”改为“在刻度线上”。设置方法是选择次水平坐标，在右侧的“设置坐标轴格式”窗格，单击坐标轴选项图标，将“坐标轴位置”设置为“在刻度线上”。这时的帕累托图如图 8-17 所示，即“累计百分比”系列的起始点位于原点处。

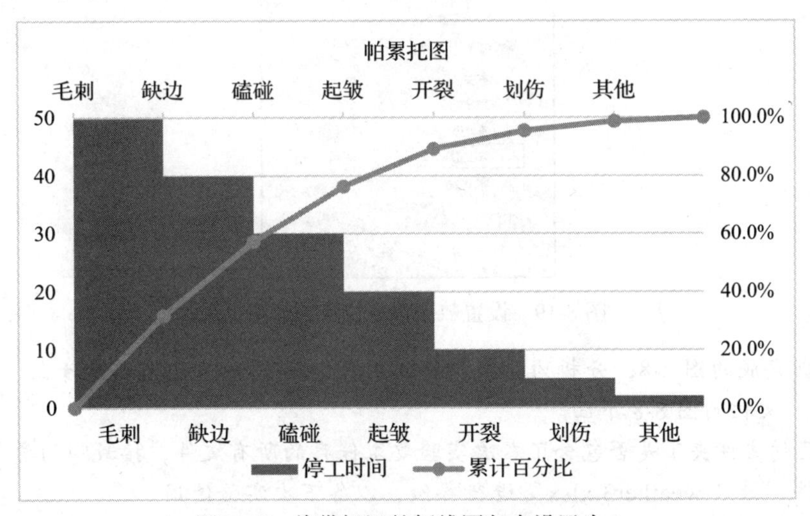

图 8-17　将带标记的折线图起点设置为 0

（6）设置次水平坐标轴为无刻度线，并隐藏次水平坐标轴。设置方法是选择次水平坐标，在右侧的“设置坐标轴格式”窗格，单击坐标轴选项图标，将“刻度线”中的“主刻度线类型”设置为“无”，将“标签”中的“标签位置”设置为“无”。设置后得到图 8-18 所示的图形。

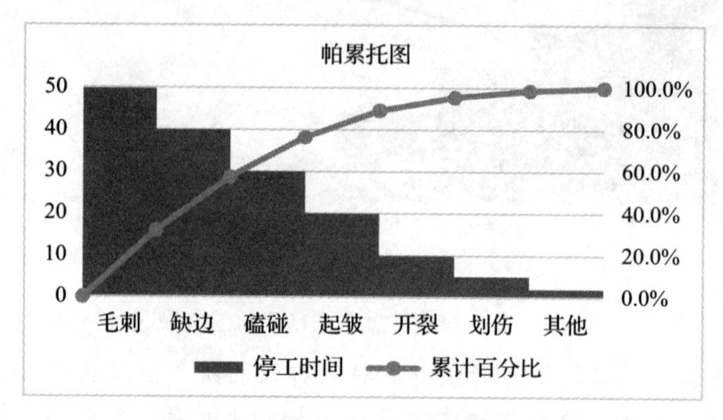

图 8-18　隐藏次水平坐标轴后的效果

（7）添加数据标签：右击折线图，从快捷菜单中选择“添加数据标签”，则在折线图上添加了数据标签，按图 8-19 所示将数据标签位置设置为“靠上”。选择并删除 0% 和 100% 位置的数据标签，保留其他数据标签，设置好数据标签的颜色，适当调整位置使其与背景颜色区分开以清晰显示。最终效果如图 8-8 所示。

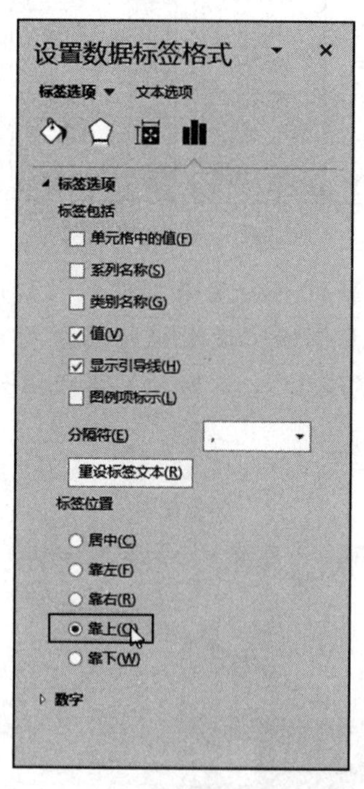

图 8-19　设置数据标签位置为“靠上”

（8）根据完成的图 8-8，分析为了减少停工时间，当前的工作重点是什么，将结论写在“Pareto.xlsx”文档的图 8-8 下面。

检查自己的文件夹下是否包含了本次实验要求保存的所有文件，按教师的要求提交作业。另外，将文件“姓名-weather3.xlsx”进行备份，以备下次实验使用。

实验 8-2　数据挖掘常用算法实验

一、实验目的

（1）掌握使用 Weka 软件进行数据预处理的基本方法。

（2）掌握使用 Weka 软件进行决策树分类的基本方法。

（3）掌握使用 Weka 软件进行贝叶斯分类的基本方法。

（4）掌握使用 Weka 软件进行预测与回归的基本方法。

（5）掌握使用 Weka 软件进行聚类分析的基本方法。

（6）掌握使用 Weka 软件进行关联规则分析的基本方法。

二、实验要求

创建一个文件夹用来存放本实验所创建的文件，并将其命名为“班级—学号—姓名—实验 8-2”，文件夹名称中的班级、学号、姓名需替换成学生的个人信息。

三、实验内容

1. 数据预处理及 Weka 的基本使用。在你的文件夹下，创建“8-2-1”子文件夹，用以存储该题目需要提交的文档。在该文件夹下创建名为“姓名 -8-2-1“的 Word 文档，保存 Weka 操作步骤截图和需要完成的填空题。对天气数据进行进一步预处理，完成以下操作。

（1）打开实验 8-1 完成的“姓名 -weather3.xlsx”文件，删除上一个实验的步骤和完成内容，仅保留表格中的“Date”“Outlook”“Play”等六个字段的天气数据。将文件另存为“weather.csv”文件，导入 Weka 软件中。“weather.csv”文件内容如图 8-20 所示。

H15

	A	B	C	D	E	F
1	Date	Outlook	Temp	Humidity	Windy	Play
2	Day1	Sunny	Hot	High	FALSE	No
3	Day2	Sunny	Hot	High	TRUE	No
4	Day3	Overcast	Hot	High	FALSE	Yes
5	Day4	Rainy	Mild	High	FALSE	Yes
6	Day5	Rainy	Cool	Normal	FALSE	Yes
7	Day6	Rainy	Cool	Normal	TRUE	No
8	Day7	Overcast	Cool	Normal	TRUE	Yes
9	Day8	Sunny	Mild	High	FALSE	No
10	Day9	Sunny	Cool	Normal	FALSE	Yes
11	Day10	Rainy	Mild	Normal	FALSE	Yes
12	Day11	Sunny	Mild	Normal	TRUE	Yes
13	Day12	Overcast	Mild	High	TRUE	Yes
14	Day13	Overcast	Hot	Normal	FALSE	Yes
15	Day14	Rainy	Mild	High	TRUE	No

图 8-20　“weather.csv”文件

（2）利用 Weka 软件删除与挖掘无关的“Date”属性。

（3）利用 Weka 软件查看 Temp 属性的数据分布，截图存放到 Word 文档中，并完成如下的填空题。

类别数量 =________，Hot 数量 =________，Mild 数量 =________，Cool 数量 =________。

（4）在表格尾部添加一个 “wind-direction” 属性，属性类型选择 “Nominal attribute”（标称属性），属性标签选择 East，South，West，North。

（5）移除新增加的 wind-direction 属性。

（6）将文件保存为 “weather.arff”。

【提示】

（1）导入 csv 文件。打开 Weka 软件，单击 “Open file” 按钮，弹出 “打开” 对话框，选择 “weather.csv” 文件，单击 “打开” 按钮，将该文件导入到 Weka 中，如图 8-21 所示。

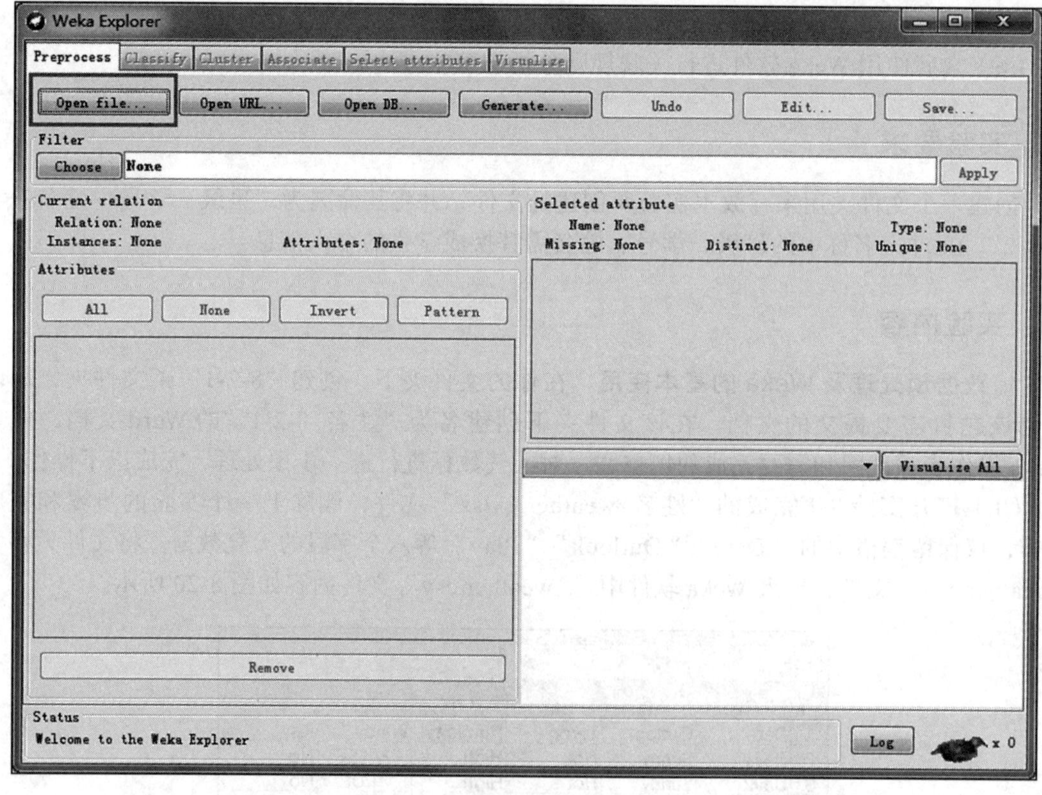

图 8-21　“Weka Explorer” 窗口

（2）删除无效属性。勾选无效属性，然后单击下方的 “Remove” 按钮，如图 8-22 所示。

（3）选中左下角属性部分的 “Temp”，查看 Temp 属性的数据分布。浅色部分表示 “Play” 属性为 “Yes” 的记录数目，深色部分表示 “Play” 属性为 “No” 的记录数目，如图 8-23 所示。

（4）添加或复制属性。在 “Filter” 区域，单击 “Choose” 按钮。展开 “filters” 前的 “+” 号，依次选择 “unsupervised” 和 “attribute”，选择 “Add” 按钮（或 “Copy” 按钮），如图 8-24 所示。

单击 “Add-N unnamed -C last” 图形类别（见图 8-25），弹出 “Weka.gui.GenericObject Editor” 对话框，如图 8-26 所示。

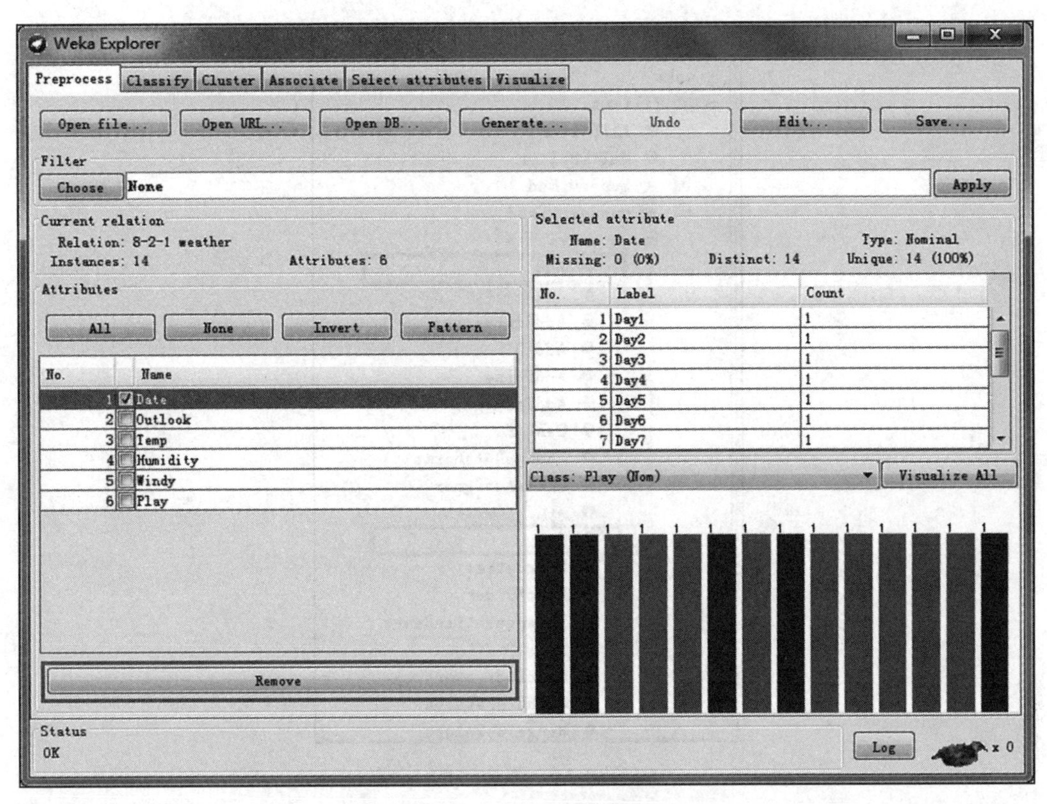

图 8-22　删除无效属性

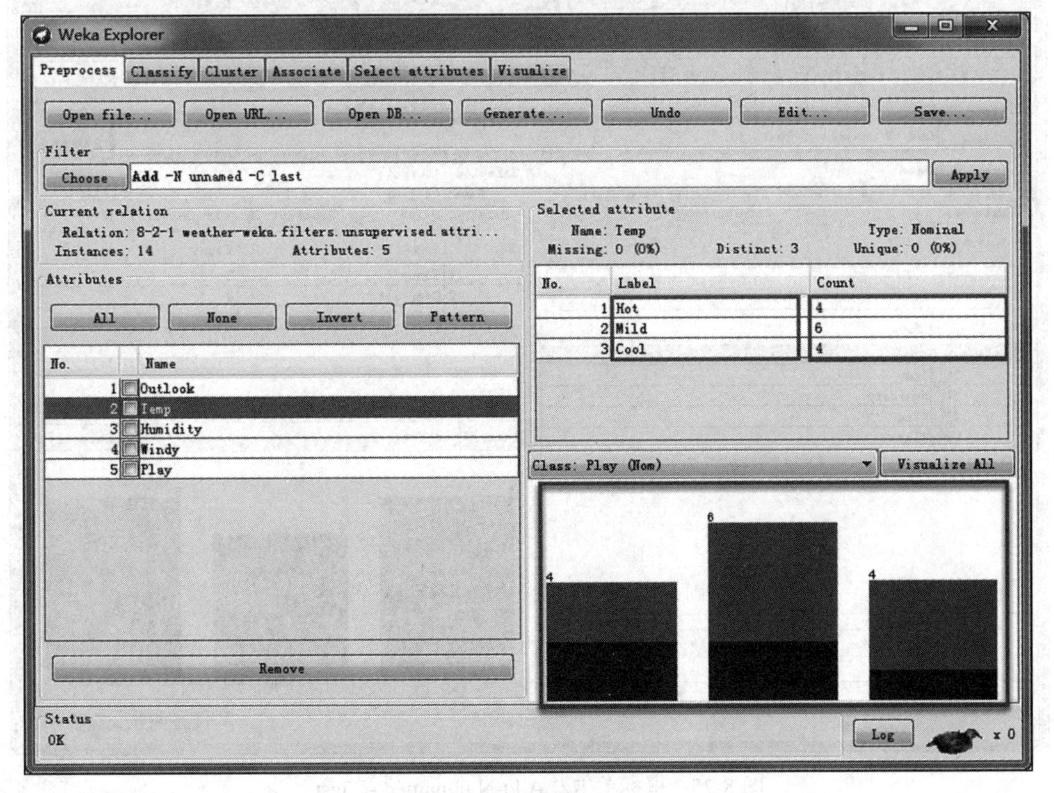

图 8-23　Temp 属性分布

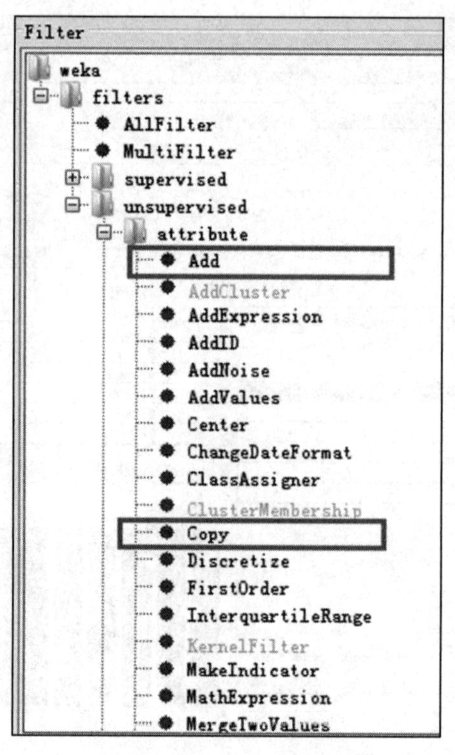

图 8-24　添加属性

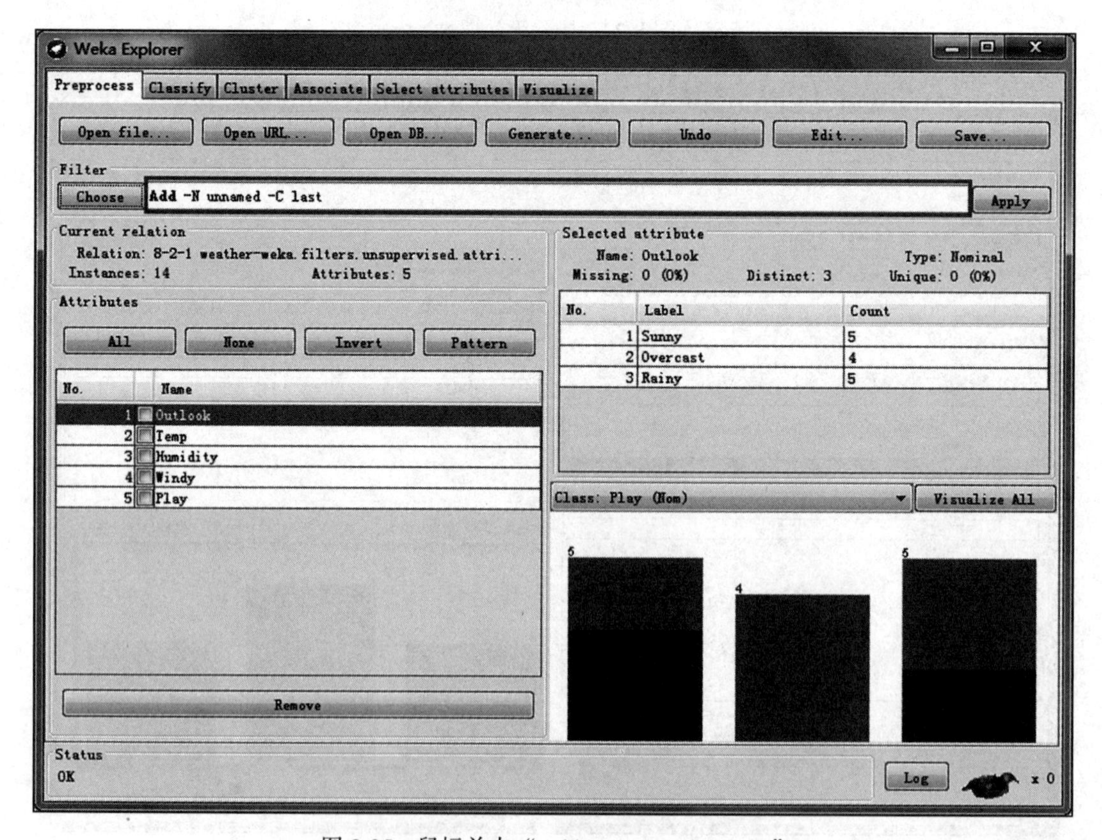

图 8-25　鼠标单击“Add-N unnamed -C last”

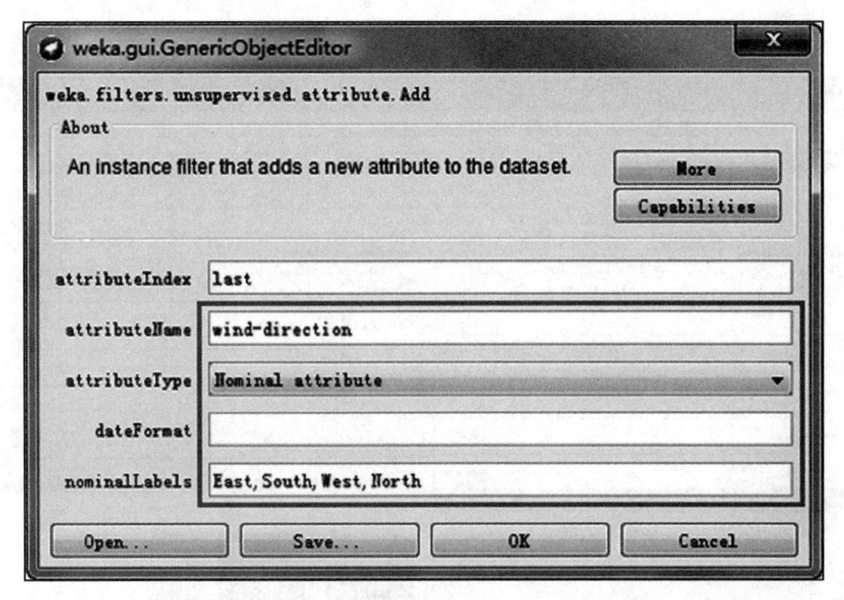

图 8-26 “Weka.gui.GenericObjectEditor”对话框

添加所需信息后（属性名为 wind-direction，属性类型选择 Nominal attribute，属性标签选择 East，South，West，North），单击“OK”按钮，返回主界面，单击“Apply”按钮。再次单击“Weka Explorer”主窗口右上方的“Edit”按钮，可以给新增加的属性添加属性值，如图 8-27 所示。

Viewer

Relation: 8-2-1 weather-weka.filters.unsupervised.attribute.Remove-R1-we...

No.	Outlook Nominal	Temp Nominal	Humidity Nominal	Windy Nominal	Play Nominal	wind-direction Nominal
1	Sunny	Hot	High	FALSE	No	West
2	Sunny	Hot	High	TRUE	No	South
3	Overcast	Hot	High	FALSE	Yes	South
4	Rainy	Mild	High	FALSE	Yes	East
5	Rainy	Cool	Normal	FALSE	Yes	South
6	Rainy	Cool	Normal	TRUE	No	South
7	Overcast	Cool	Normal	TRUE	Yes	West
8	Sunny	Mild	High	FALSE	No	
9	Sunny	Cool	Normal	FALSE	Yes	
10	Rainy	Mild	Normal	FALSE	Yes	
11	Sunny	Mild	Normal	TRUE	Yes	
12	Overcast	Mild	High	TRUE	Yes	
13	Overcast	Hot	Normal	FALSE	Yes	
14	Rainy	Mild	High	TRUE	No	

East
South
West
North

Undo OK Cancel

图 8-27 给新增加的属性添加属性值

添加属性后的属性列表及属性分布，如图 8-28 所示。

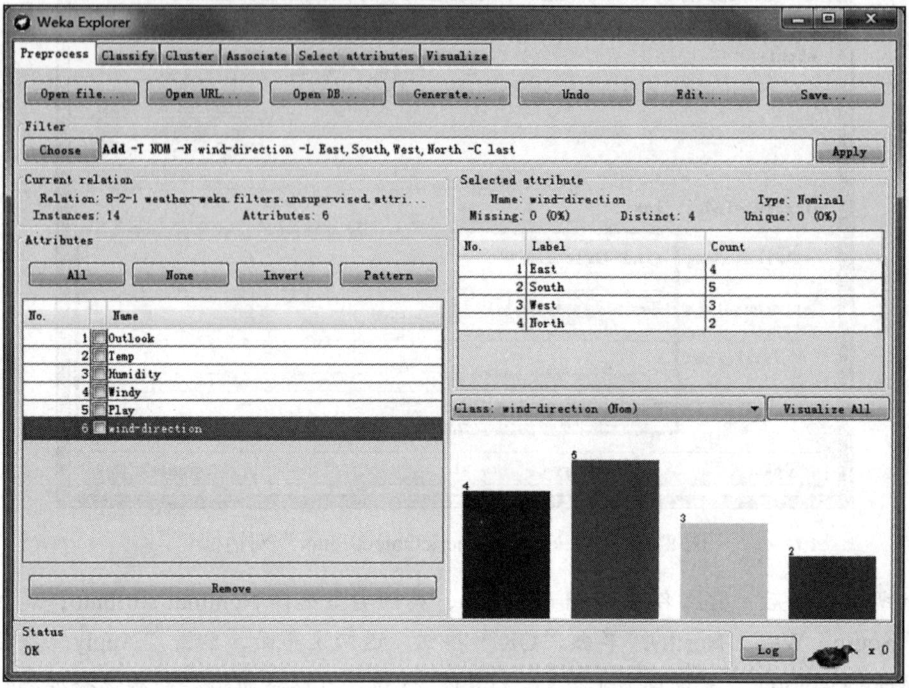

图 8-28 添加“wind-direction”属性后的 Weka Explorer

（5）删除“wind-direction”属性。选中“wind-direction”属性后，单击“Remove”按钮即可移除属性，如图 8-29 所示。

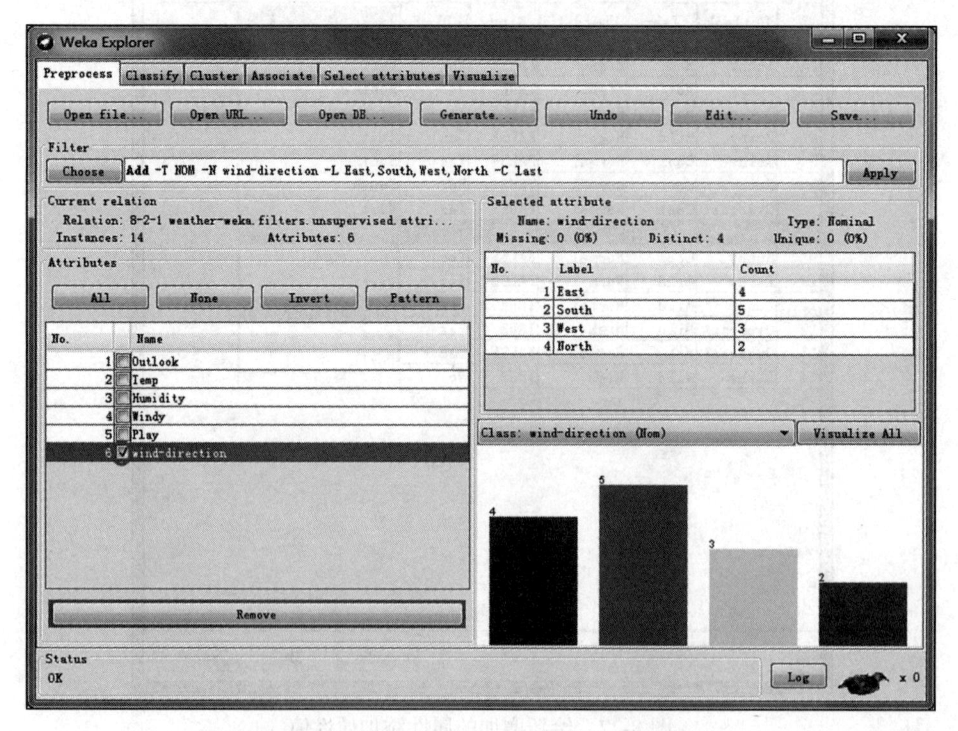

图 8-29 删除“wind-direction”属性的 Weka Explorer

（6）将完成的文件另存为“weather.arff”，放到“8-2-1”子文件夹中。

2. 决策树分类。在你的文件夹下，创建“8-2-2”子文件夹，用以存储该题目需要提交的文档。在该文件夹下创建名为“姓名 -8-2-2”的 Word 文档，保存 Weka 操作步骤截图和需要完成的填空题。

依据上题的“weather.arff”文件，采用决策树的 C4.5 算法（J48 版本）对未知样本 *X*=（Outlook=“Sunny”，Temp=“Mild”，Humidity=“High”，Windy=“False”）进行判断，给出该天气情况下是否适宜举办活动，并完成如下的填空题。

（1）选择决策树 C4.5 算法（J48 版本）构建决策树，选择默认设置，截图可视化的决策树，另存到 Word 文档中，并对构建的分类器的正确率进行填空。

正确率 =____________，误分率 =____________。

（2）对分类器参数设置进行修改，即将 unpruned 属性值由原来的 False 改为 True，再次运行查看正确率。

正确率 =____________，误分率 =____________。

（3）结论：未知样本 *X*=（Outlook =“Sunny”，Temp =“Mild”，Humidity =“High”，Windy =“False”），该天气情况下，____________举办活动。（填“适宜”或“不适宜”）

【提示】

（1）可视化决策树。导入“weather.arff”文件后，选择“Classify”（分类）选项卡，展开“trees”前的“+”号，选择“J48”（即 C4.5 算法的最后一个版本），如图 8-30 所示。

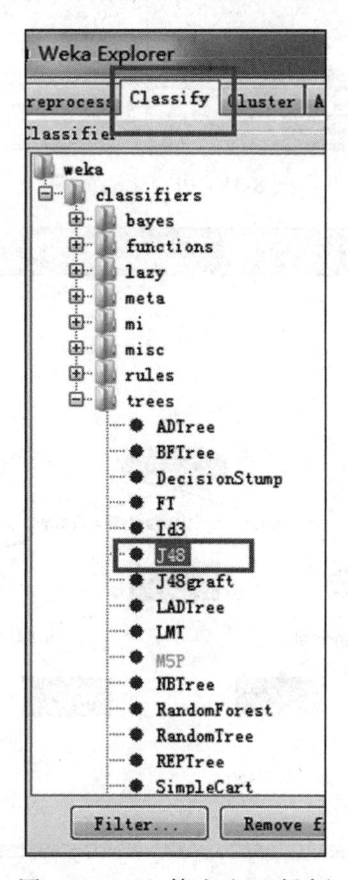

图 8-30　C4.5 算法（J48 版本）

选择默认设置，单击“Start”按钮，记录分类器的正确率和错误率。然后右键单击运行结果，选择“Visualize tree”(见图 8-31)，查看决策树视图，如图 8-32 所示。将显示结果截图保存在 Word 文档中。

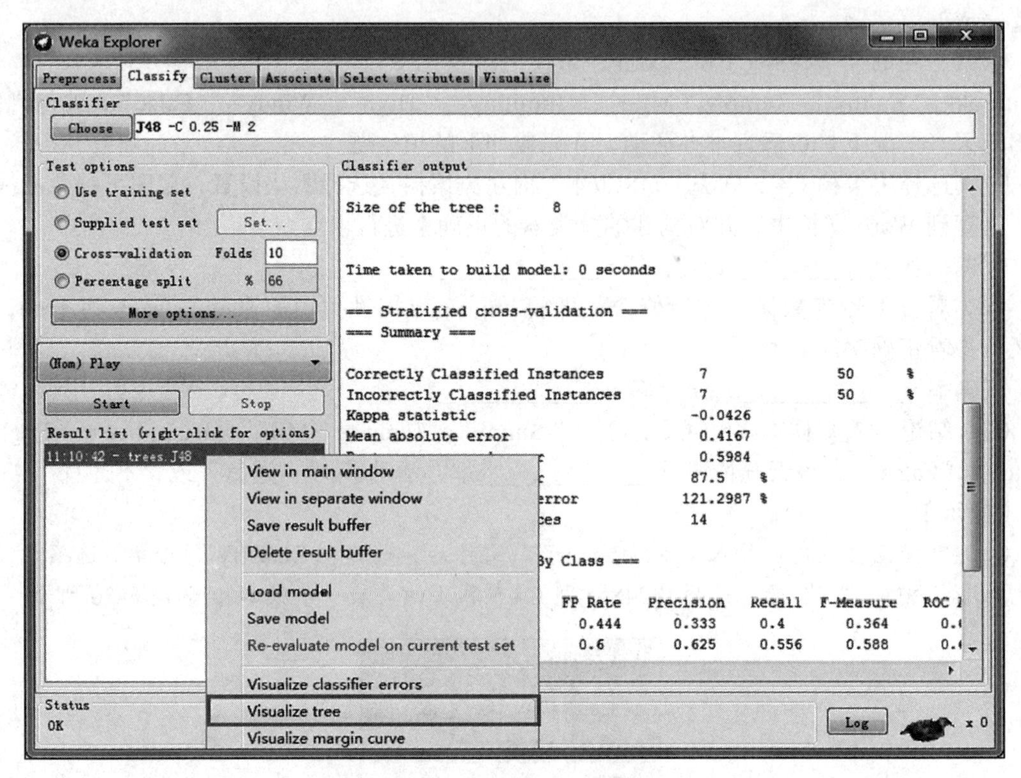

图 8-31　可视化决策树

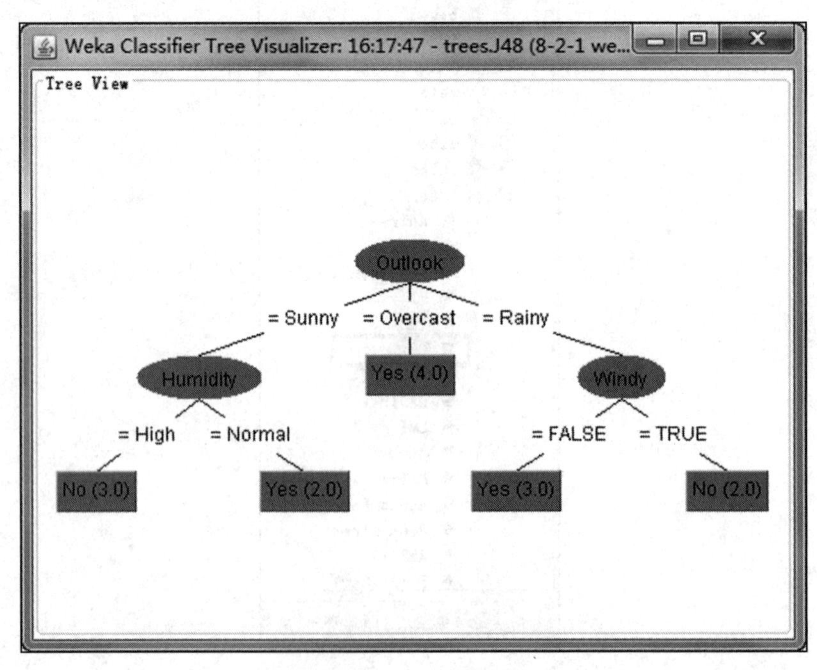

图 8-32　决策树示例

（2）单击“J48 -C 0.25 -M2”（见图 8-33），弹出“weka.gui.GenericObjectEditor”对话框，修改 unpruned 属性值，如图 8-34 所示。

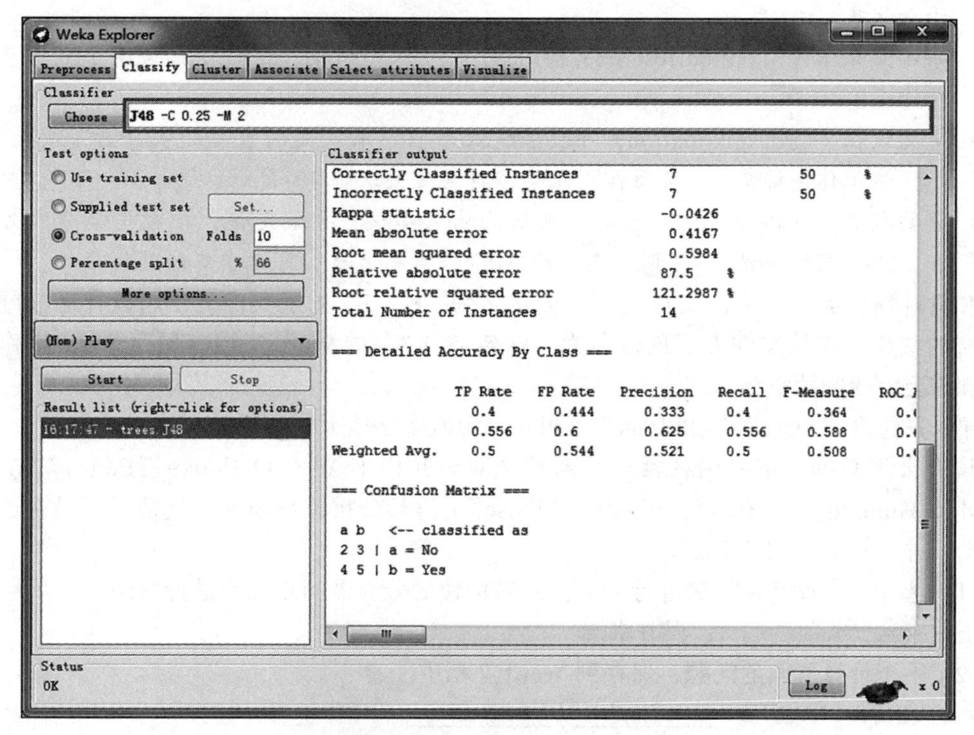

图 8-33　单击“J48 -C 0.25 -M2”

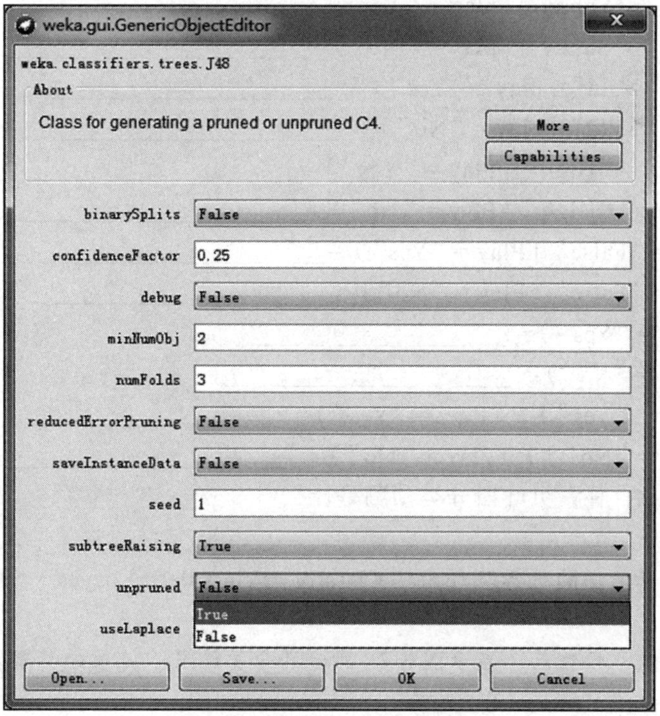

weka.gui.GenericObjectEditor

weka.classifiers.trees.J48

About

Class for generating a pruned or unpruned C4.

More

Capabilities

binarySplits False

confidenceFactor 0.25

debug False

minNumObj 2

numFolds 3

reducedErrorPruning False

saveInstanceData False

seed 1

subtreeRaising True

unpruned False

useLaplace True / False

Open... Save... OK Cancel

图 8-34　修改 unpruned 的属性值

注意，图 8-33 中的“Test Option”下有四个选项，含义如下：

- 使用训练集（Use training set）的含义是可以使用训练集来评估，即训练集亦可以用于测试集。
- 导入测试集（Supplied test set），可以手工导入测试集，这种情况适用于数据量较大的情况。
- 交叉认证（Cross-validation），Folds 默认为 10。含义是将数据随机分为 10 份，其中的 9 份用作训练集，1 份用作测试集，自动交叉认证 10 次。
- 分割数据集（Percentage split），默认比例为 66%，也就是说，把数据集分割为 66% 和 34%，其中 66% 作为训练集，而 34% 作为测试集。可以手工修改百分比。

3. 贝叶斯分类。在你的文件夹下，创建名为“8-2-3”的子文件夹，用以存储该题目需要提交的文档。在该文件夹下创建名为“姓名 -8-2-3”的 Word 文档，保存 Weka 操作步骤截图和需要完成的填空题。

导入只包含“Date”“Outlook”“Play”等六个字段天气数据的“weather.arff”文件。根据现有天气数据，请采用朴素贝叶斯算法对未知样本 *X*=（Outlook=“Sunny”，Temp=“Mild”，Humidity=“High”，Windy=“False”）进行分析，判断该天气情况下是否适宜举办活动，并完成如下的填空题。

（1）选择朴素贝叶斯算法进行分类。并对构建的分类器的正确率进行截图。

正确率 =____________，误分率 =____________。

（2）手工计算下面的问题，保存到 Word 文档中。

- *P*（Play =“Yes”）=________________________。
  P（Play =“No”）=________________________。
- *P*（Outlook =“Sunny”| play =“Yes”）=________________________。
  P（Outlook =“Sunny”| play =“No”）=________________________。
- *P*（Temp =“Mild”| play =“Yes”）=________________________。
  P（Temp =“Mild”| play =“No”）=________________________。
- *P*（Humidity =“High”| Play =“Yes”）=________________________。
  P（Humidity =“High”| Play =“No”）=________________________。
- *P*（Windy =“False”| Play =“Yes”）=________________________。
  P（Windy =“False”| Play =“No”）=________________________。
- *P*（X | Play =“Yes”）=________________________。
  P（X | Play =“No”）=________________________。
- *P*（X | Play =“Yes”）*P*（Play =“Yes”）=________________________。
  P（X | Play =“No”）*P*（Play =“No”）=________________________。

（3）对于样本 *X*，朴素贝叶斯分类预测是什么？

【提示】

（1）朴素贝叶斯算法的选择路径为“Classify → classifier → bayes → NaiveBayesSimple”，如图 8-35 所示。

（2）单击“Start”按钮后，显示图 8-36 所示的分类结果。记录分类器的正确率和错误率。

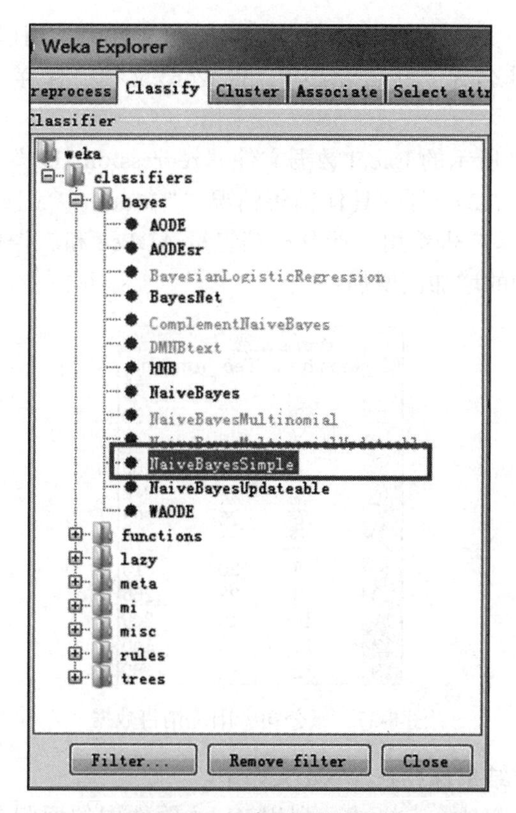

图 8-35　朴素贝叶斯算法

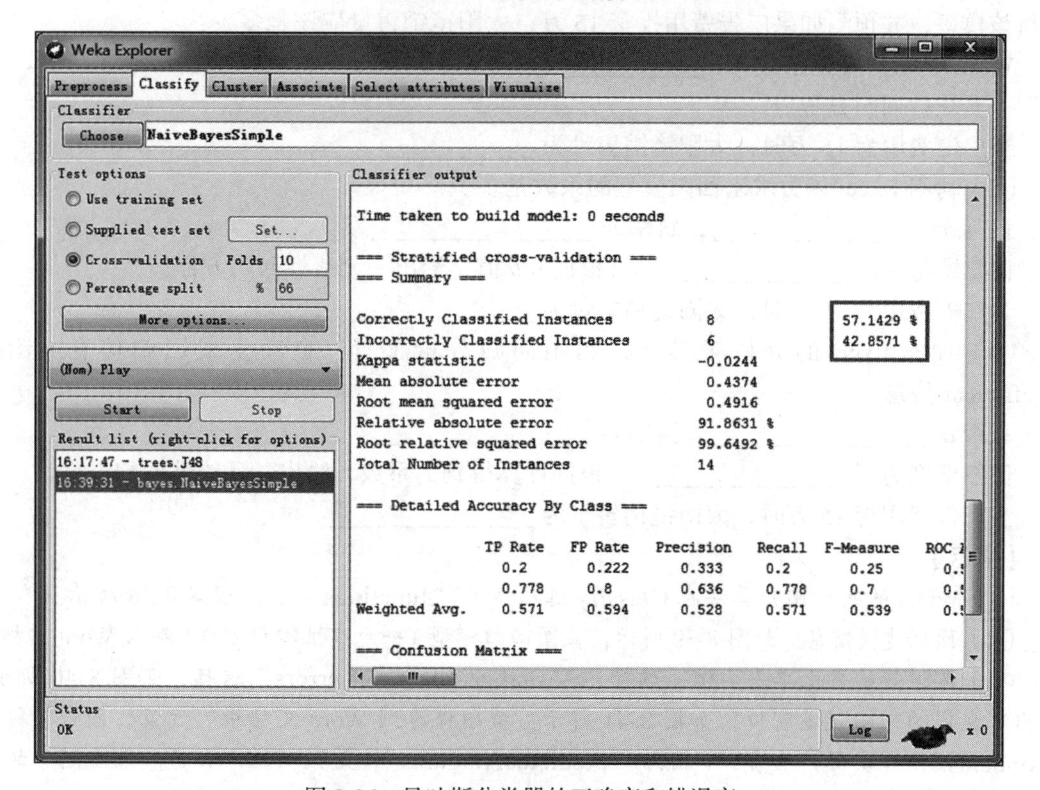

图 8-36　贝叶斯分类器的正确率和错误率

4. 线性回归。在你的文件夹下，创建“8-2-4”子文件夹，用以存储该题目需要提交的文档。在该文件夹下创建名为“姓名 -8-2-4”的 Word 文档，保存 Weka 操作步骤截图和需要完成的填空题。

从教师处获取图 8-37 所示的 Excel 数据文件“regression.xlsx”，或自行创建该文件。该文件是某公司太阳镜一年 12 个月的具体销售情况。“Month”字段指的是月份，“ADFee”是销售量，“Amounts”是广告费用。请分析销售量 ADFee 和广告费 Amounts 之间的关系，销售量是否随着广告费用的增加而增加？

	A	B	C
1	Month	ADFee	Amounts
2	1	2	75
3	2	5	90
4	3	6	148
5	4	7	183
6	5	22	242
7	6	25	263
8	7	28	278
9	8	30	318
10	9	22	256
11	10	18	200
12	11	10	140
13	12	2	80

图 8-37　某公司太阳镜销售数据

请完成以下问题，将结果保存在 Word 文档中。

（1）将 Excel 文件另存为 csv 格式，利用 Weka 软件中的回归分析算法构建回归模型，分析该模型，并预测如果广告费用投资 15 万，太阳镜销售量应该是多少？

Weka 中回归模型公式为：________________。（从 Weka 分析结果中读出形如“$y=a+bx$ 的”一元线性回归方程。）

当广告费用为 15 万时，太阳镜销售量为________________。

（2）利用 Excel 函数求出回归模型的系数是多少？

截距 a=________________，斜率 b=________________。

回归模型为：________________。（根据 a,b 值，给出一元线性回归方程。）

当广告费用为 15 万时，太阳镜销售量为________________。

（3）加载 Excel 的分析工具库，利用回归分析工具，自动生成回归信息。读取 Coefficient 信息。

截距 a=________________，斜率 b=________________。

回归模型为：________________。（根据计算得到的系数，给出一元线性回归方程。）

当广告费用为 15 万时，太阳镜销售量为________________。

【提示】

（1）Weka 的线性回归算法在 Classify 选项卡的“functions”下，如图 8-38 所示。

（2）预测建模信息，如图 8-39 所示，截图回归模型（一元线性回归方程）存入 Word 文档。

（3）在运行结果上单击右键，选择“Visualize Classifier errors”选项，如图 8-40 所示，弹出可视化的回归误差窗口，如图 8-41 所示，截图保存到 Word 文档中。注意，图中 x 轴为“Amounts”，即实际广告费，y 轴为“predictedAmounts”，是预测的广告费。散点图中的叉越大，说明误差越大。

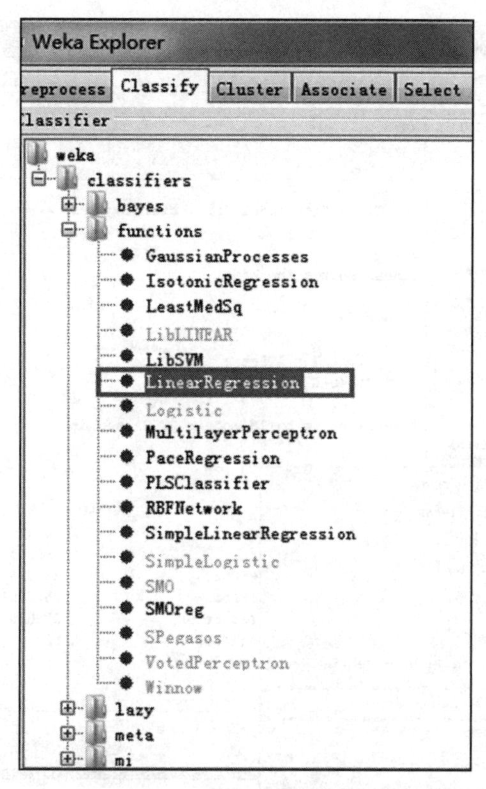

图 8-38 Weka 的线性回归算法

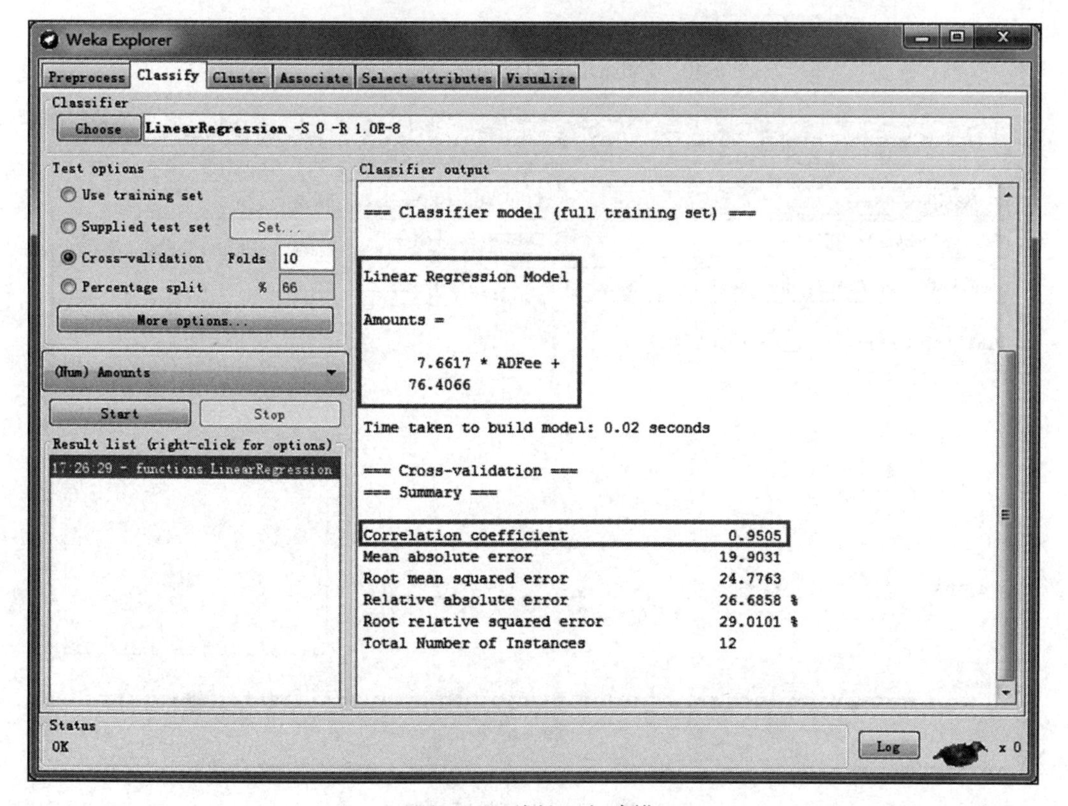

图 8-39 线性回归建模

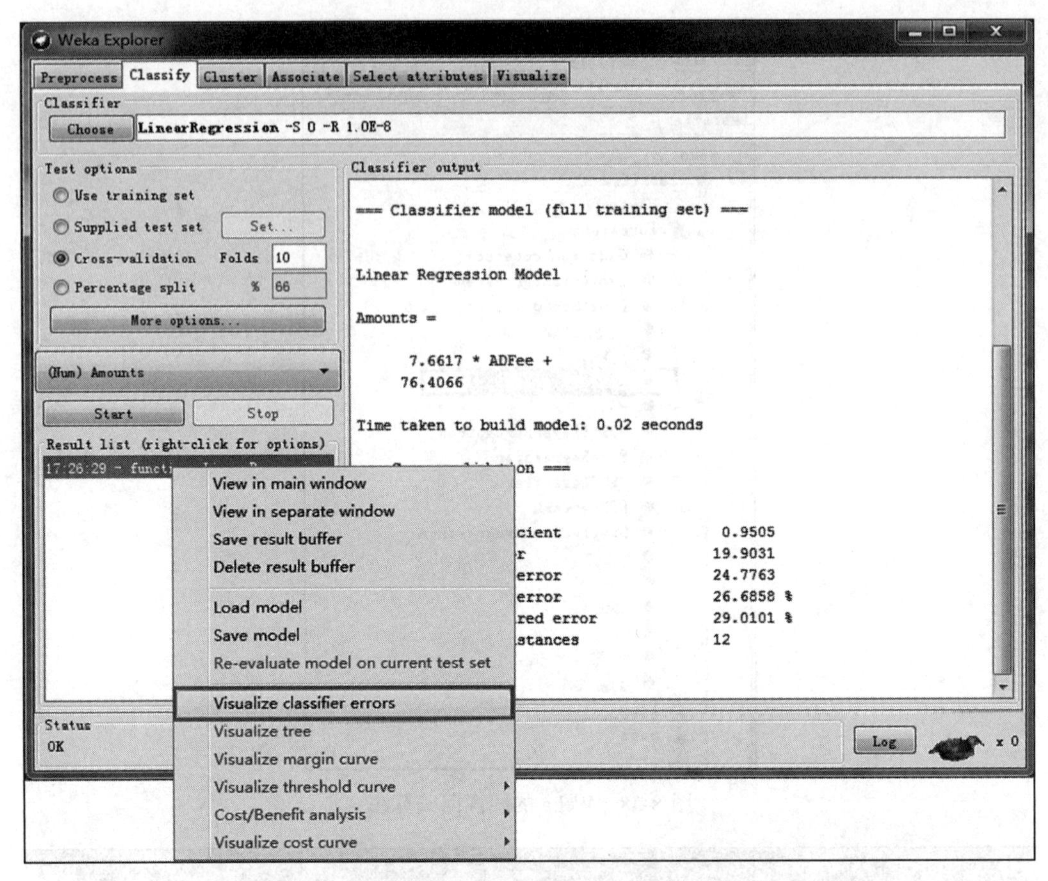

图 8-40　“Visualize Classifier errors”选项

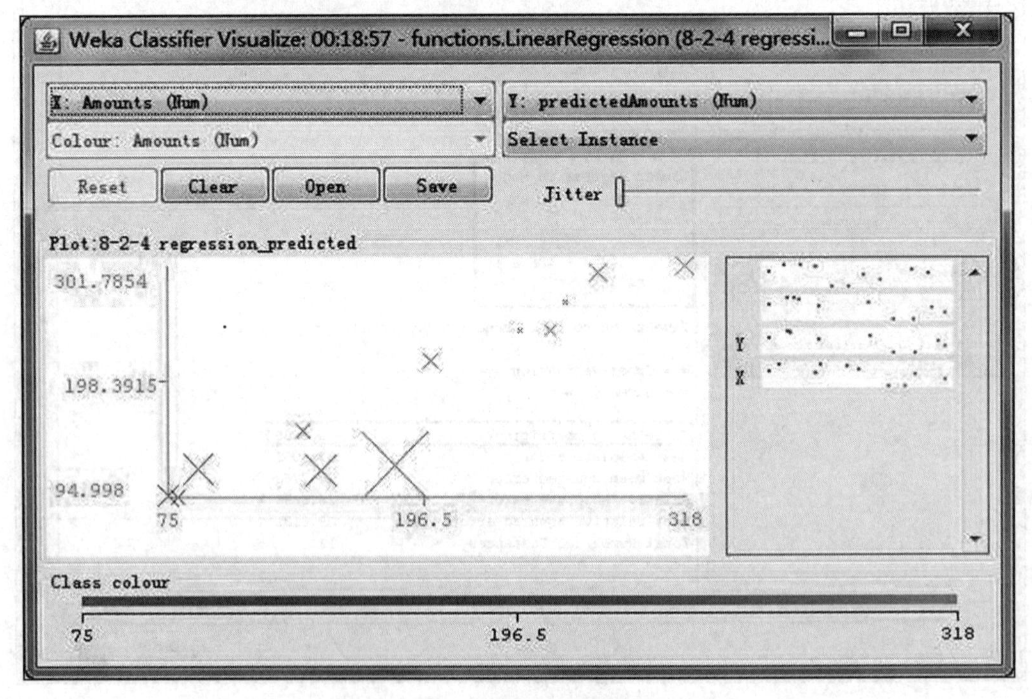

图 8-41　可视化回归误差窗口

（4）在 Excel 中，用 Slope 函数求斜率，用 Intercept 函数求截距，得出一元线性回归方程。

（5）使用 Excel 分析工具，可以快速得到回归模型。操作步骤如下：

- 打开 Excel 选项对话框，如图 8-42 所示。

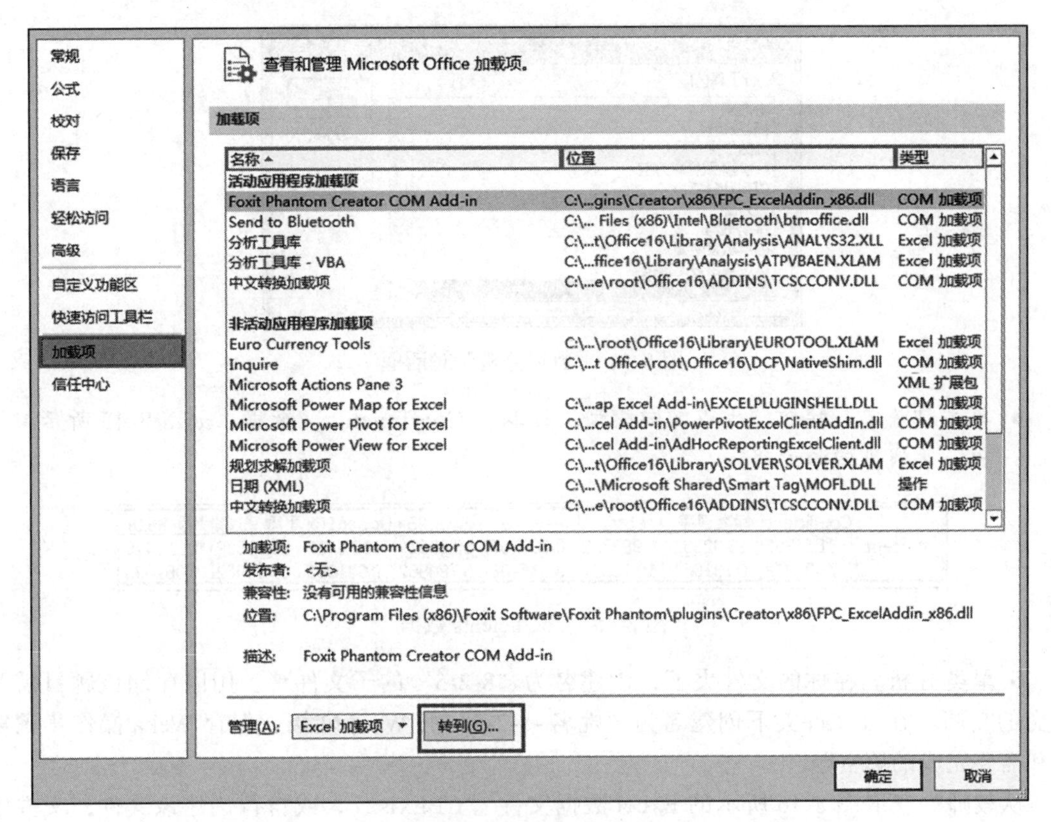

图 8-42　Excel 选项对话框

- 单击“转到（G）…”按钮，弹出“加载项”对话框，如图 8-43 所示。

图 8-43　“加载项”对话框

- 勾选“分析工具库”和“分析工具库-VBA”单击“确定”按钮。
- 单击Excel“数据”选项卡，在“分析”功能区，出现“数据分析”按钮，单击该按钮，弹出“数据分析”对话框，如图8-44所示。

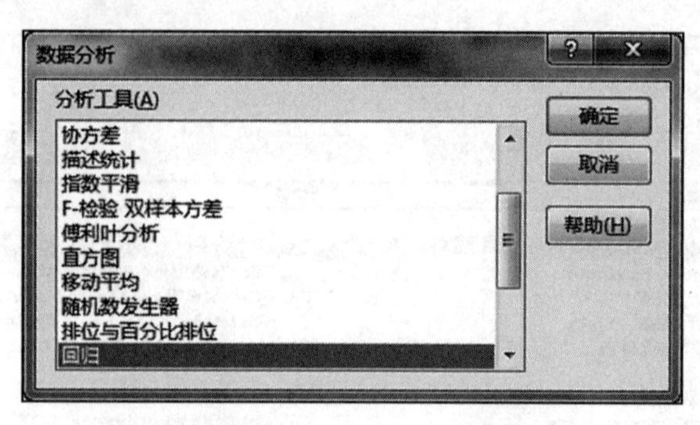

图8-44　“数据分析”对话框

- 单击“确定”按钮，生成回归模型，读取“Coefficients”数据，如图8-45所示。得出一元线性回归方程。

	Coefficients	标准误差	t Stat	P-value	Lower 95%	Upper 95%	下限 95.0%	上限 95.0%
Intercept	81.51852	13.62563	5.982732	0.000207	50.69519	112.3418	50.69519	112.3418
2	7.435979	0.731654	10.16324	3.13E-06	5.780862	9.091095	5.780862	9.091095

图8-45　Coefficients数据

5. **聚类分析**。在你的文件夹下，创建名为“8-2-5”的子文件夹，用以存储该题目需要提交的文档。在该文件夹下创建名为“姓名-8-2-5”的Word文档，保存Weka操作步骤截图和需要完成的填空题。

从教师处获取图8-46所示的Excel数据文件“CPI.xlsx”，或自行创建该文件，文件中列出1991年5个省份的城镇居民月人均消费数据，其中，x1为粮食支出，x2为副食支出，x3为烟酒茶支出，x4为其他副食支出，x5为服装支出，x6为日用品支出，x7为燃料支出，x8为非商品支出。

	A	B	C	D	E	F	G	H	I
1	Province	x1	x2	x3	x4	x5	x6	x7	x8
2	LiaoNing	7.9	39.77	8.49	12.94	19.27	11.05	2.04	13.29
3	ZheJiang	7.68	50.37	11.35	13.3	19.25	14.59	2.75	14.87
4	HeNan	9.42	27.93	8.2	8.14	16.17	9.42	1.55	9.76
5	GanSu	9.16	27.98	9.01	9.32	15.99	9.1	1.82	11.35
6	QingHai	10.06	28.64	10.52	10.05	16.18	8.39	1.96	10.81

图8-46　CPI数据

将Excel文件另存为csv文件，对上述数据选用*K*-均值算法进行聚类分析，分别聚成2类、3类、4类和5类，分别查看各种情况下的聚类结果。完成如下的填空题。

聚成2类时，________________省份属于第一类。

　　　　　　________________省份属于第二类。

聚成3类时，________________省份属于第一类。

　　　　　　________________省份属于第二类。

　　　　　　________________省份属于第三类。

聚成4类时，________________省份属于第一类。

________________省份属于第二类。
________________省份属于第三类。
________________省份属于第四类。
聚成 5 类时，________________省份属于第一类。
________________省份属于第二类。
________________省份属于第三类。
________________省份属于第四类。
________________省份属于第五类。

【提示】

（1）*K*- 均值算法在“Cluster”选项卡下，如图 8-47 所示。

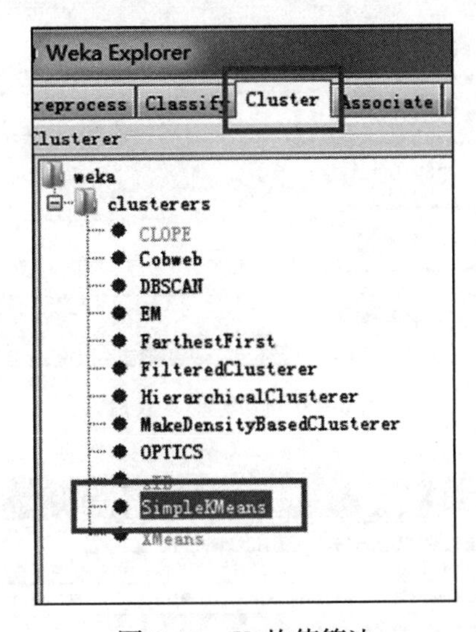

图 8-47 *K*- 均值算法

（2）系统默认是聚成两类，根据聚类理论，设置不同的阈值，可以细化聚类，聚成多个类，本例可以分别选择聚类数目为 2、3、4、5。图 8-48 显示修改的聚类数目为 3。

（3）聚类结果。单击“Start”按钮后，可以查看聚类分析结果，如图 8-49 所示。

注意，结果中有以下信息：Within cluster sum of squared errors: 2.5525762072623794。这是评价聚类好坏的标准，数值越小说明同一簇实例之间的距离越小。如果把“seed”参数改一下，通常会得到不一样的数值。可以多尝试几个 seed，并采纳这个数值最小的那个结果。在图 8-48 中，seed 参数为 10。

（4）聚类分析散点图。为了观察可视化的聚类结果，可以在图 8-49 左下方“Result list”列出的结果上右击，再单击“Visualize cluster assignments”，如图 8-50 所示。在之后弹出的窗口中给出了各实例的散点图，如图 8-51 所示。

在图 8-51 中，最上方的两个框是选择横坐标和纵坐标，第二行的“Color”是散点图着色的依据，默认是根据不同的簇“Cluster”给实例标上不同的颜色。将聚类分析散点图截图存入 Word 文档中。

（5）查看实例信息。选中某一个聚类实例，单击之后，弹出该实例的信息，如图 8-52 所示。

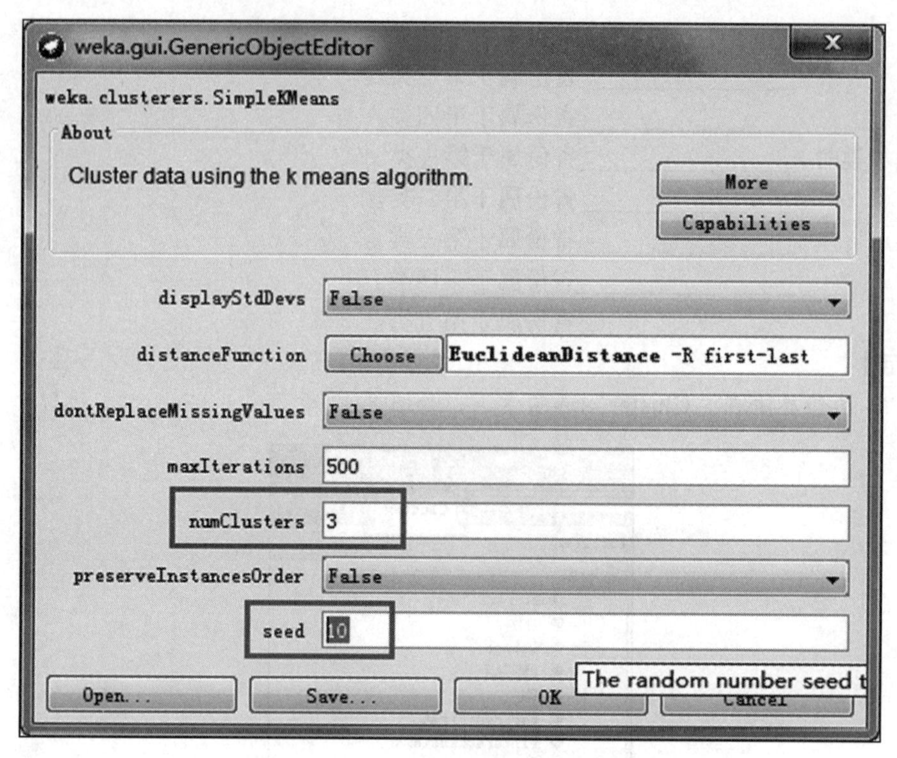

图 8-48 修改聚类数目

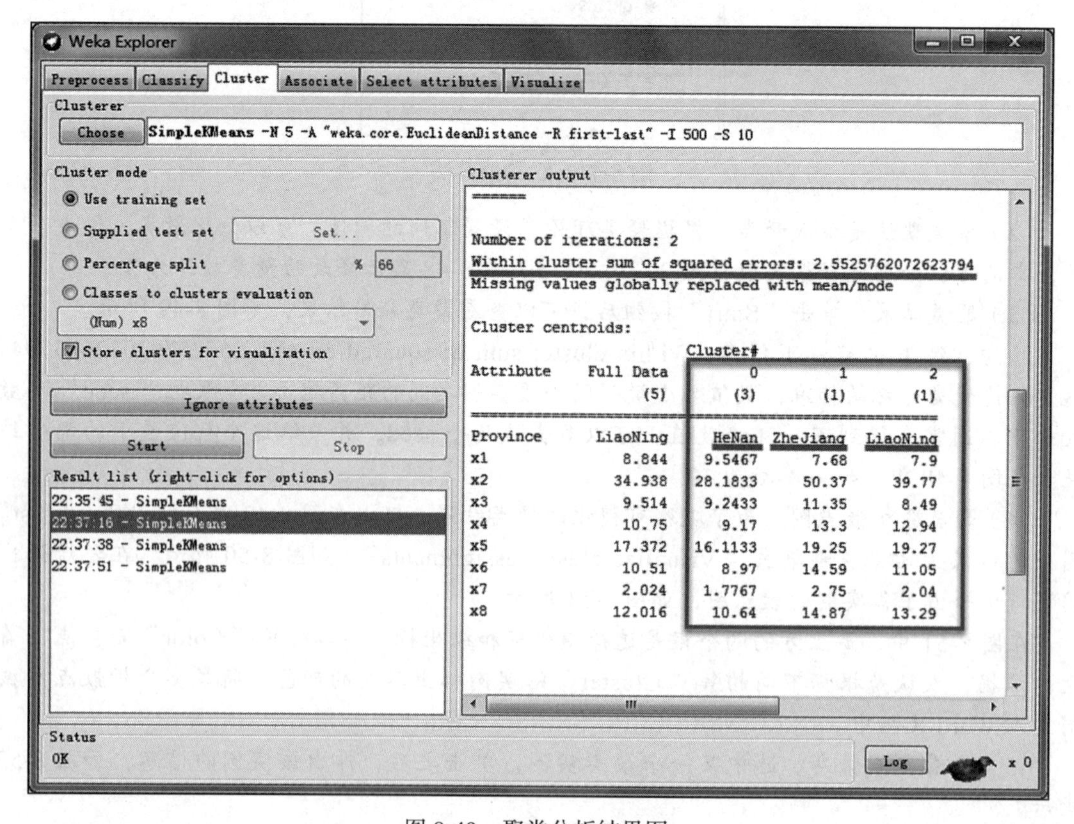

图 8-49 聚类分析结果图

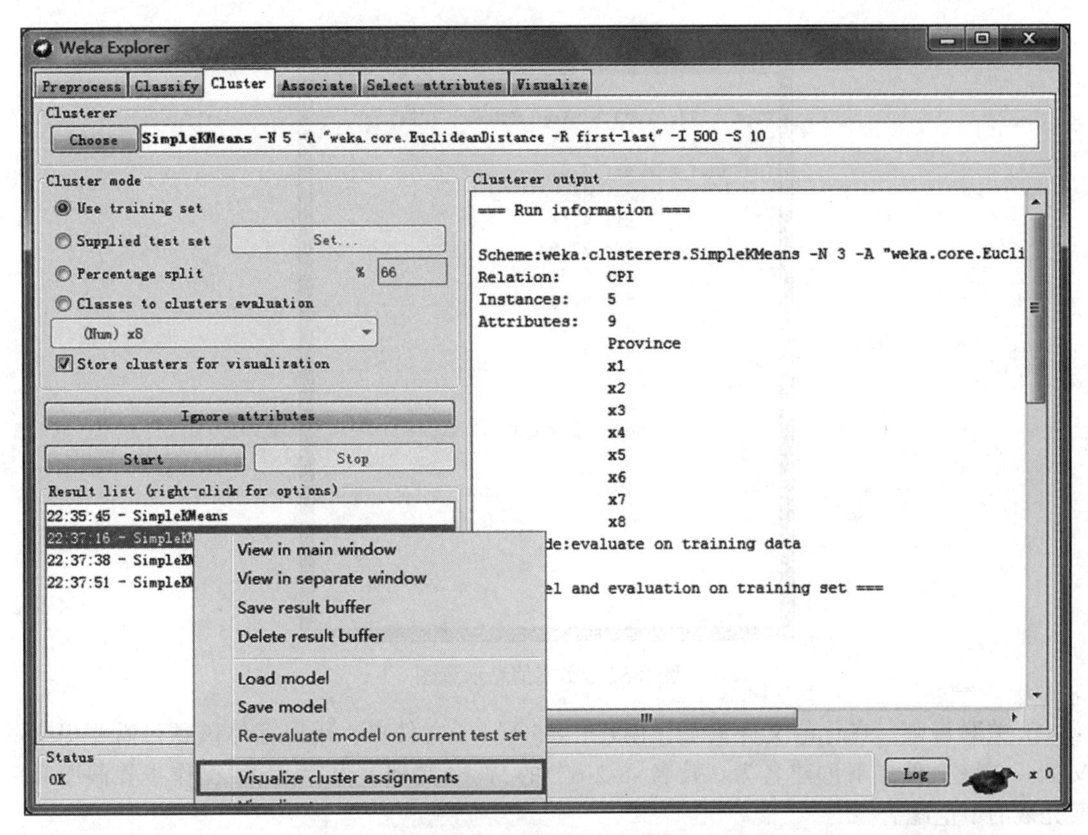

图 8-50 可视化聚类分析

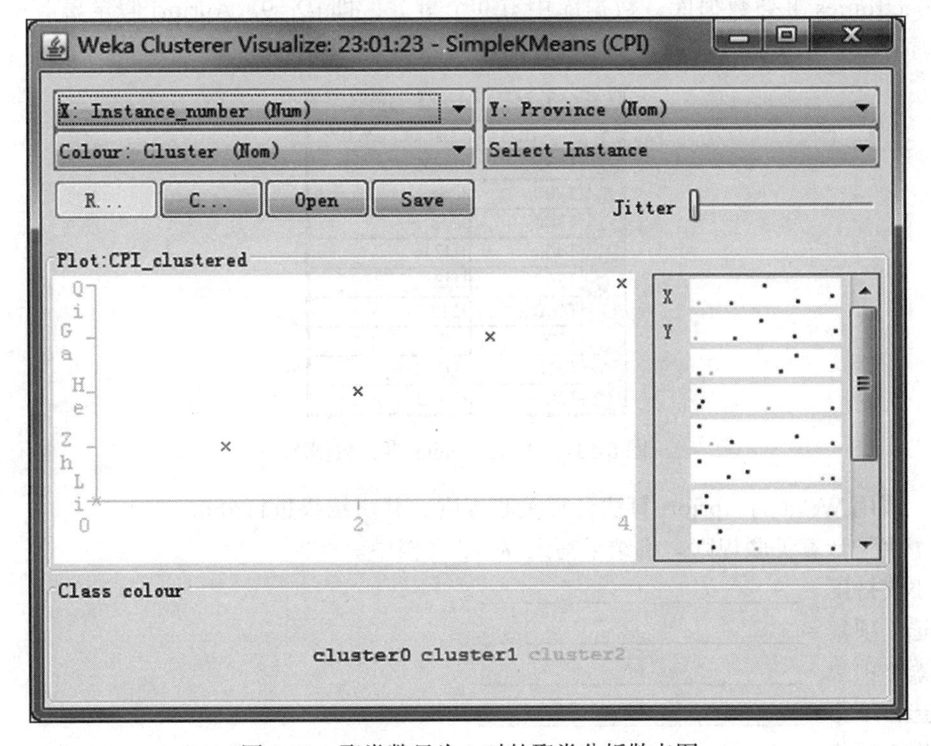

图 8-51 聚类数目为 3 时的聚类分析散点图

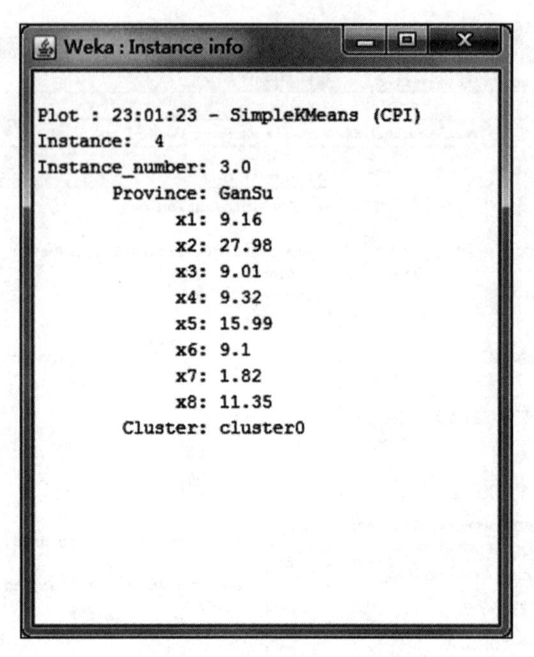

图 8-52　实例信息示意图

6. 关联规则。在你的文件夹下，创建“8-2-6”子文件夹，用以存储该题目需要提交的文档。在该文件夹下创建名为“姓名-8-2-6”的 Word 文档，保存 Weka 操作步骤截图和需要完成的填空题。

从教师处获取图 8-53 所示的 Excel 数据文件“CPI.xlsx”，或自行创建该文件。该文件是 AllElectronics 事务数据库，数据库中有 9 个事务，即 |*D*|=9。Apriori 假定事务中的项按字典次序存放。假定最小支持度为 2，置信度为 70%。

	A	B
1	TID	List of item ID's
2	T100	I1,I2,I5
3	T200	I2,I4
4	T300	I2,I3
5	T400	I1,I2,I4
6	T500	I1,I3
7	T600	I2,I3
8	T700	I1,I3
9	T800	I1,I2,I3,I5
10	T900	I1,I2,I3

图 8-53　AllElectronics 事务数据库

（1）请用 Weka 的 Apriori 算法计算关联规则，并对结果进行分析。

（2）手工计算关联规则。将结果写入 Word 文档中。

最小支持度 =________________。

候选 1 项集 =________________。

频繁 1 项集 =________________。

候选 2 项集 =________________。

频繁 2 项集 =________________。

候选 3 项集 =________________。

频繁 3 项集 =________________。

简答：挖掘出的规则有哪些？置信度为多少？

【提示】

（1）9 条记录，最小支持度计数为 2，故最小支持度为 2/9≈22%。

（2）将图 8-53 数据转换成图 8-54 的格式。

	A	B	C	D	E	F
1	TID	I1	I2	I3	I4	I5
2	T100	TRUE	TRUE	FALSE	FALSE	TRUE
3	T200	FALSE	TRUE	FALSE	TRUE	FALSE
4	T300	FALSE	TRUE	TRUE	FALSE	FALSE
5	T400	TRUE	TRUE	FALSE	TRUE	FALSE
6	T500	TRUE	FALSE	TRUE	FALSE	FALSE
7	T600	FALSE	TRUE	TRUE	FALSE	FALSE
8	T700	TRUE	FALSE	TRUE	FALSE	FALSE
9	T800	TRUE	TRUE	TRUE	FALSE	TRUE
10	T900	TRUE	TRUE	TRUE	FALSE	FALSE

图 8-54　转换后的 AllElectronics 事务数据库

（3）选择 Associate 选项卡，为 Apriori 算法设置相应参数。例如，最小支持度（Lower-BoundMinSupport）设置为 20%，最小置信度（minMetric）设置为 0.7，产生规则数（numRules）设置为 50。设置方法和显示结果分别如图 8-55 和图 8-56 所示。将截图存入 Word 文档。

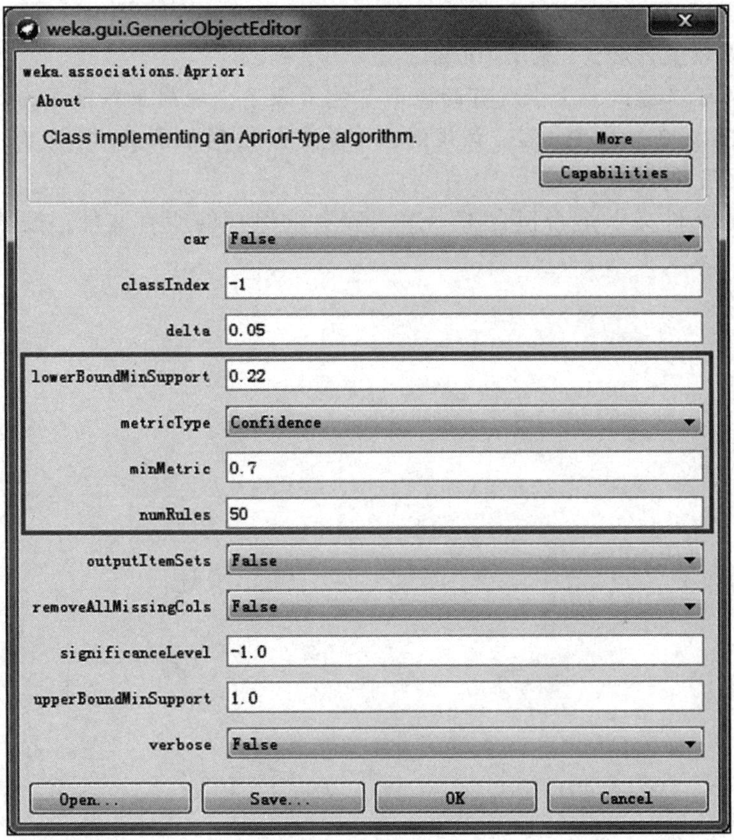

weka.gui.GenericObjectEditor

weka.associations.Apriori

About

Class implementing an Apriori-type algorithm.

More

Capabilities

car　False

classIndex　-1

delta　0.05

lowerBoundMinSupport　0.22

metricType　Confidence

minMetric　0.7

numRules　50

outputItemSets　False

removeAllMissingCols　False

significanceLevel　-1.0

upperBoundMinSupport　1.0

verbose　False

Open...　Save...　OK　Cancel

图 8-55　参数设置

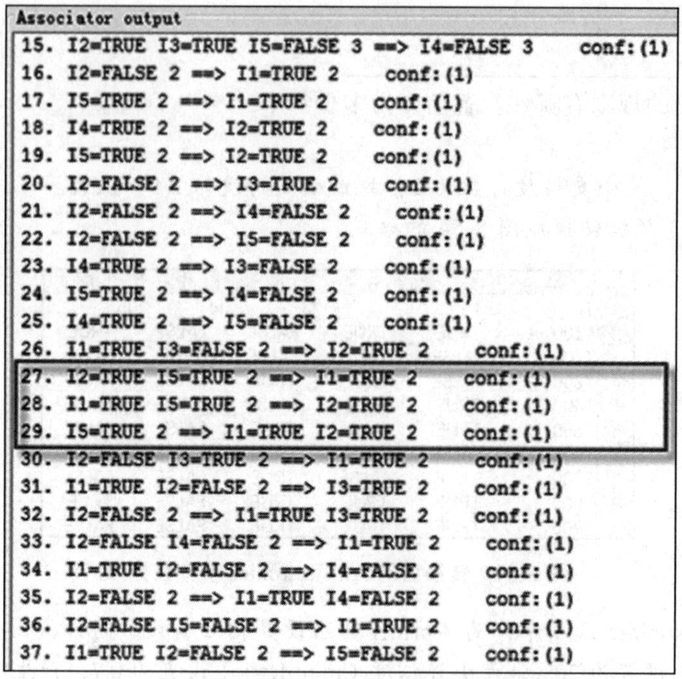

```
Associator output
15. I2=TRUE I3=TRUE I5=FALSE 3 ==> I4=FALSE 3    conf:(1)
16. I2=FALSE 2 ==> I1=TRUE 2    conf:(1)
17. I5=TRUE 2 ==> I1=TRUE 2    conf:(1)
18. I4=TRUE 2 ==> I2=TRUE 2    conf:(1)
19. I5=TRUE 2 ==> I2=TRUE 2    conf:(1)
20. I2=FALSE 2 ==> I3=TRUE 2    conf:(1)
21. I2=FALSE 2 ==> I4=FALSE 2    conf:(1)
22. I2=FALSE 2 ==> I5=FALSE 2    conf:(1)
23. I4=TRUE 2 ==> I3=FALSE 2    conf:(1)
24. I5=TRUE 2 ==> I4=FALSE 2    conf:(1)
25. I4=TRUE 2 ==> I5=FALSE 2    conf:(1)
26. I1=TRUE I3=FALSE 2 ==> I2=TRUE 2    conf:(1)
27. I2=TRUE I5=TRUE 2 ==> I1=TRUE 2    conf:(1)
28. I1=TRUE I5=TRUE 2 ==> I2=TRUE 2    conf:(1)
29. I5=TRUE 2 ==> I1=TRUE I2=TRUE 2    conf:(1)
30. I2=FALSE I3=TRUE 2 ==> I1=TRUE 2    conf:(1)
31. I1=TRUE I2=FALSE 2 ==> I3=TRUE 2    conf:(1)
32. I2=FALSE 2 ==> I1=TRUE I3=TRUE 2    conf:(1)
33. I2=FALSE I4=FALSE 2 ==> I1=TRUE 2    conf:(1)
34. I1=TRUE I2=FALSE 2 ==> I4=FALSE 2    conf:(1)
35. I2=FALSE 2 ==> I1=TRUE I4=FALSE 2    conf:(1)
36. I2=FALSE I5=FALSE 2 ==> I1=TRUE 2    conf:(1)
37. I1=TRUE I2=FALSE 2 ==> I5=FALSE 2    conf:(1)
```

图 8-56　Apriori 算法结果

【说明】

（1）Conf 是指置信度，1 表示 100%。

（2）从结果可以看出，几乎所有的规则都挖出来了，规则虽然很多，但有效规则并不多。比如，I2=False 2 → I1 True 2。该规则含义是没有 I2 的记录里，一定有 I1，尽管该规则正确，但属于无用的规则。

检查自己的文件夹下是否包含了本次实验要求保存的所有文件，按教师的要求提交作业。

实验 8-3　综合实验：scikit-learn 数据挖掘实训

一、实验目的

（1）掌握使用 Python 软件进行数据预处理和数据挖掘的基本方法。

（2）掌握 scikit-learn 的基本使用方法。

（3）掌握常用的分类、回归、聚类、降维算法。

（4）利用 Python 数据挖掘解决专业领域问题。

二、实验要求

创建一个文件夹用来存放本实验所创建的文件，文件夹名称为“班级—学号—姓名—实验 8-3”，文件夹名称中的班级、学号、姓名需替换成学生的个人信息。

三、知识背景

scikit-learn 是针对 Python 编程语言的免费软件机器学习库。它具有各种分类、回归和聚类算法，包括支持向量机、随机森林、梯度提升、*K*- 均值和 DBSCAN，并且旨在与 Python 数值科学库 NumPy 和 SciPy 联合使用。

1. 数据集获取。

（1）scikit-learn API 内置了各种 real-world 数据集，如下所示。

- 鸢尾花数据集 load_iris()，用于分类任务的数据集。
- 手写数字数据集 load_digitals()，用于分类任务或者降维任务的数据集。
- 乳腺癌数据集 load_barest_cancer()，简单经典的用于二分类任务的数据集。
- 糖尿病数据集 load_diabetes()，经典的用于回归任务的数据集，该数据集 10 个特征中的每个特征都已经被处理成 0 均值且方差归一化的特征值。
- 波士顿房价数据集 load_boston()，用于回归任务的数据集。
- 体能训练数据集 load_linnerud()，用于多变量回归任务的数据集。

（2）scikit-learn 中还提供了 make_regression()、make_blobs() 和 make_classification() 生成合成数据集。所有加载实用程序都提供了返回已拆分为 X（特征）和 y（目标）的数据选项，以便直接用于训练模型。

（3）获取公开数据集。如果想直接通过 scikit-learn 访问更多的公共可用数据集，可以使用一个方便的函数 datasets.fetch_openml，该函数可以帮助使用者直接从 openml.org 网站获取数据。openml.org 网站包含超过 21 000 个不同的数据集，可以用于机器学习项目。

2. scikit-learn 网站。scikit-learn 官网 https://scikit-learn.org 中给出了六大任务模块的实现案例，包括分类、回归、聚类、降维、模型选择和预处理。如图 8-57 所示。

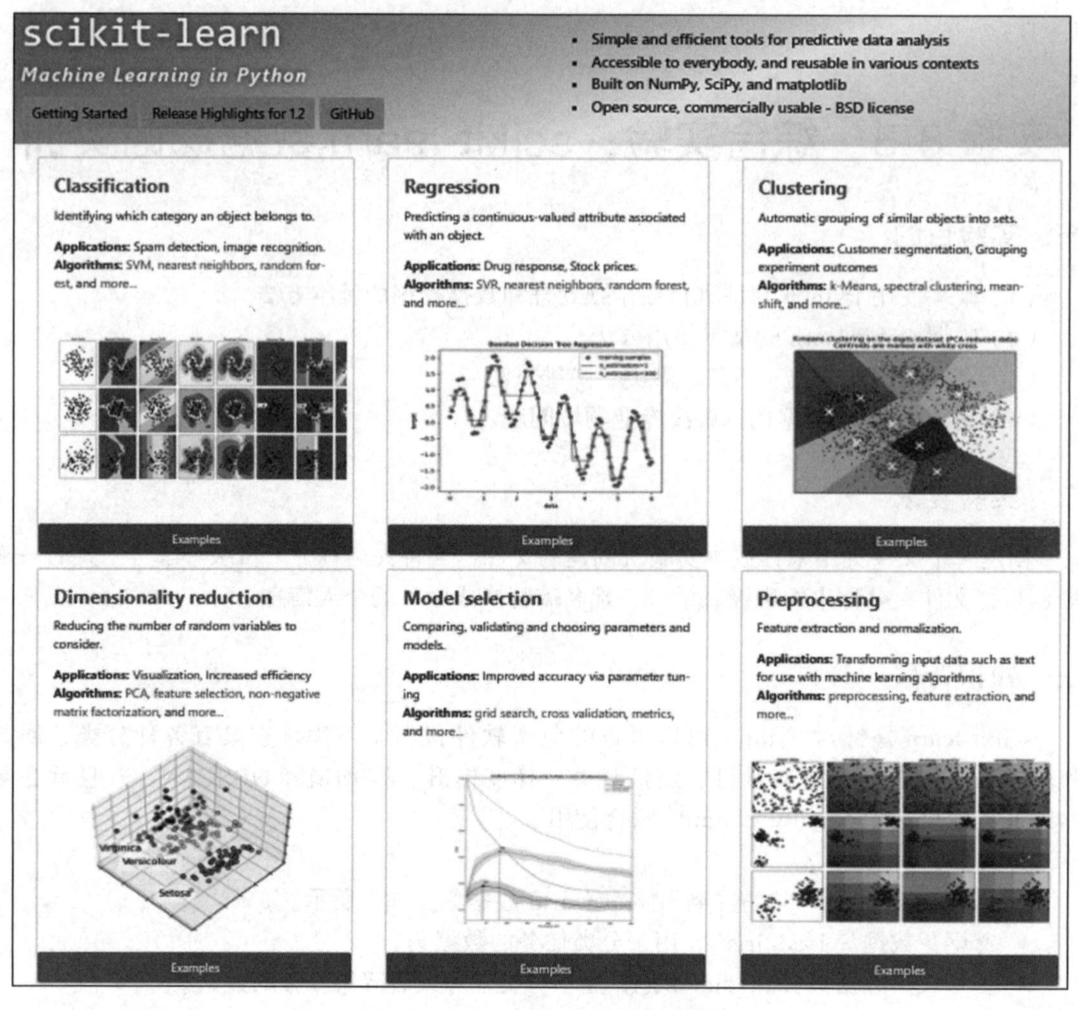

图 8-57　scikit-learn 机器学习案例

四、实验内容

1. 通过图 8-57 中的 Examples 入口，学习并复现各模块的案例，并为关键语句加上注释。将复现的程序存入文件夹中。也可以在 https://www.kaggle.com 网站中学习并复现案例。

2. 搜索数据挖掘在你所在领域或相关领域的典型应用案例，分析其数据探索实现方法、数据预处理实现方法、数据挖掘模型构建方法、建模分析与结果。或搜索并参考“数据分析案例——航空公司客户价值分析（聚类）”等典型案例进行数据挖掘实现过程的分析。可以用注释程序的方法分析程序，或将分析步骤写入 Word 文档。将程序或分析步骤存入文件夹中。

3. 组成 3 ～ 4 人的小组，完成数据挖掘的综合案例，包括“问题定义、数据采集、数据探索、数据预处理、数据挖掘模型构建、数据挖掘模型评价和结果分析”全过程，并给出实验分析报告，包括问题背景介绍，数据来源和采集方式分析，数据质量和数据预处理分析，数据挖掘模型训练过程分析、模型价值评判、应用指导以及改进方向。将实现程序和分析报告存入文件夹中。

实验 9-1　综合实验：计算机新技术与专业

一、实验目的

（1）了解计算机新技术。

（2）了解计算机新技术在专业领域中的应用。

（3）掌握计算机新技术和专业领域结合的途径。

二、实验要求

创建一个文件夹用来存放本实验完成的 Word 文档，文件夹名称为“班级—学号—姓名—实验 9-1”，文件夹名称中的班级、学号、姓名需替换成学生的个人信息。

三、实验内容

1. 调研计算机新技术在专业中的应用。由于计算机技术在各个领域的广泛应用以及它对各类学科的发展所产生的巨大作用，计算机应用已深入到社会生活的各个领域。而计算机新技术的兴起必将助力各个专业领域的快速发展，与专业发展形成合力，取得突破。请自行组成 3 ～ 4 人的小组，完成计算机新技术在专业中的应用现状调研报告。报告主要包括以下内容：

- 学生所在专业中应用了哪些计算机新技术。
- 计算机新技术在解决专业中的哪些问题中具有优势。
- 计算机新技术在专业中应用的典型成功项目或案例有哪些。

2. 畅想计算机新技术应用到专业相关项目中。在广泛调研计算机新技术与专业结合的应用现状之后，3 ～ 4 人的小组组成一个设计团队，完成一项基于计算机新技术的项目设计。例如，一种基于物联网的环境监测设备、一种异形空间的人工智能救援机器人、一种基于大数据的精准推荐系统、一种基于 BIM 的楼宇全感知系统、一种基于增强现实的手术引导系统等。小组需要提交项目报告，主要包括以下内容：

- 结合专业前景，介绍项目的背景和意义。
- 完成项目相关内容的国内外现状分析。
- 结合计算机新技术和专业关注焦点，介绍项目实施的主要内容、关键技术和技术路线。
- 剖析项目实现的难点和不确定性因素，结合所在院校的设备、软件等条件，完成项目可行性分析。
- 对项目成果和应用前景进行展望。

习题部分

第 1 章　绪论

一、单选题

1. 计算机之父是________。

A. 帕斯卡　B. 巴贝奇　C. 冯・诺依曼　D. 图灵

2. 世界上第一台电子计算机是为了进行________而设计的。

A. 人工智能　B. 科学计算　C. 数据处理　D. 辅助设计与辅助制造

3. 计算机分类包括巨型机、大型机、小型机、微型机和________。

A. 上网本　B. 工作站　C. 多媒体机　D. 智能手机

4. 关于计算机的发展趋势，下面哪种不是未来发展趋势________。

A. 巨型化　B. 微型化　C. 多样化　D. 智能化

5. 在当今社会的计算机应用领域中，________是其最广泛的应用方面。

A. 过程控制　B. 科学计算　C. 数据处理　D. 计算机辅助系统

6. 提出计算无所不在观点的人是________。

A. 冯・诺依曼　B. 马克・维瑟　C. 周以真　D. 图灵

7. 发明最早的机械式计算工具（加法器）的人是________。

A. 冯・诺依曼　B. 巴贝奇　C. 帕斯卡　D. 图灵

8. 差分机属于________。

A. 手工计算工具　B. 机械计算工具　C. 电子计算机　D. 量子计算机

9. 关于未来计算机发展趋势中的网络化的说法正确的是________。

A. 物联网能够使物与物、物与人通过互联网连接在一起，因此，未来互联网将被物联网取代

B. 社会网络能够使人与人通过互联网连接在一起，因此，未来互联网将被社会网络（或社交网）所取代

C. 未来互联网将发展为包括物联网、社会网络、服务网络以及与现实中各种网络深度融合的网络系统

D. 未来互联网将发展为全三维的虚拟世界网络

10. 未来计算机的发展方向是________。
    A. 各个部件和整体的体积越来越小
    B. 将越来越多的 CPU 集成起来，提高计算能力
    C. 越来越具备人的智能
    D. 越来越能使人 – 计算机 – 物体互联在一起
    E. 上述都是
11. 摩尔定律是由________ 创始人之一戈登 · 摩尔（Gordon Moore）提出来的。其内容为：当价格不变时，集成电路上可容纳的元器件的数目，约每隔 18 ～ 24 个月便会增加一倍，性能也将提升一倍。
    A. IBM　　B. Apple　　C. Intel　　D. Microsoft
12. 电子计算机的基本特征是什么？________。
    A. 基于二进制存储 0 和 1 的元件（如电子管、晶体管等）
    B. 基于二进制的运算与变换
    C. 电子技术实现计算规则
    D. 集成技术实现更为复杂的变换
    E. 上述所有
13. 计算思维中的计算研究什么？________。
    A. 面向人可执行的一些复杂函数的等效、简便的计算方法
    B. 面向机器可自动执行的一些复杂函数的等效、简便的计算方法
    C. 面向人可执行的求解一般问题的计算规则
    D. 面向机器可自动执行的求解一般问题的计算规则
    E. 上述说法都不对
14. 关于哥尼斯堡七桥问题，下列叙述不正确的是________。
    A. 哥尼斯堡七桥问题是由数学家欧拉提出的
    B. 欧拉将哥尼斯堡七桥问题抽象成了一个图的问题
    C. 哥尼斯堡七桥问题是无解的
    D. 欧拉在解答哥尼斯堡七桥问题的同时，开创了一个新的数学分支——图论
15. 1834 年，巴贝奇开始了“分析机”的研制，但他终生都没有制造出来，是因为________。
    A. 设计原理有错误　　B. 设计精度不够
    C. 设计图纸不够完善　　D. 机械加工的工艺水平达不到要求的精度
16. ________不属于中国研制的巨型计算机。
    A. 天河二号　　B. 曙光　　C. 顶点　　D. 神威太湖之光
17. 关于计算思维正确的说法是________。
    A. 计算机的发展导致了计算思维的诞生　　B. 计算思维是计算机的思维方式
    C. 计算思维的本质是计算　　D. 计算思维是问题求解的一种途径
18. 计算机划分时代的主要依据是________。
    A. 制造计算机的主要电子元器件　　B. 计算机的体积
    C. 计算机的存储容量　　D. 计算机的速度
19. 1nm（纳米）=________m（米）。
    A. 10^{-7}　　B. 10^{-8}　　C. 10^{-9}　　D. 10^{-10}

20. EDVAC 采用________进制。
A. 二　B. 八　C. 十　D. 十六

二、多选题

1. 以下属于微型计算机应用领域的有________。
A. 科学计算　B. 数据信息管理　C. 工业控制　D. 人工智能

2. 计算思维是运用计算机科学的基础知识进行________、________、________等涵盖计算机科学之广度的一系列思维活动。
A. 问题求解　B. 系统设计
C. 让计算机理解人类行为　D. 像计算机一样思考

3. 关于计算机的局限性，下面哪些是不可计算的？
A. 信息无法离散为二进制　B. 输入和输出无法确定
C. 无穷大的数据范围　D. 问题无法转化为无二义性问题
E. 问题无法在有限步骤内完成

4. 计算机之父冯·诺依曼的杰出贡献是________、________和________。
A. 提出存储程序　B. 在计算机中采用二进制
C. 在计算机中采用十进制　D. 提出计算机由五大部件构成

5. 计算思维又可以进一步解析为：________等。
A. 通过约简、嵌入、转化和仿真等方法，把一个看来困难的问题重新阐释成一个我们知道怎样解决的问题
B. 是一种递归思维，是一种并行处理，是一种把代码译成数据又能把数据译成代码的方法，是一种多维分析推广的类型检查方法
C. 是一种选择合适的方式去陈述一个问题，或对一个问题的相关方面建模使其易于处理的思维方式
D. 是利用海量数据来加快计算，在时间和空间之间以及在处理能力和存储容量之间进行折中的思维方法

6. 计算机的类型包括________。
A. 巨型机　B. 大型机　C. 小型机　D. 分机

7. 可能引发下一次计算机技术革命的技术主要包括________。
A. 纳米技术　B. 光技术　C. 量子技术　D. 生物技术

8. 计算思维的特征包括________。
A. 计算思维是人的思维，而非机器的思维
B. 计算思维是能力，而非技能
C. 计算思维是概念化，而非程序化
D. 计算思维是一种思想，而非人造品

三、填空题

1. 计算思维是运用计算机科学的基础知识进行________、系统设计，让计算机理解人类行为等涵盖计算机科学之广度的一系列思维活动。

2. 2002 年，我国第一款通用 CPU________芯片研制成功。
3. 计算是我们抽象方法的自动化处理过程，而计算思维活动则是先进行正确的________，再选择正确的“计算机”去完成任务。
4. 目前，制造 CPU 的主要材料是一种非金属元素____________。
5. 人类应具备的三大思维能力是指理论思维、实验思维和________。

四、判断题

1. 计算无所不在是指从长远的观点看，计算机会消失，未来人类将不再需要计算机来进行计算了。(   )
2. 巴贝奇发明的差分机属于电子计算机。(   )
3. 第一台具有“存储程序”思想的计算机是 1946 年 2 月在美国宾夕法尼亚大学诞生的，其名称为 ENIAC。(   )
4. 当代计算机基本属于冯·诺依曼体系结构。(   )
5. 智能手机属于微型计算机的一种。(   )
6. 个人计算机（PC）属于微型计算机。(   )
7. 计算思维的主要特征是抽象和自动。(   )
8. 绘制一笔画问题的几何图形，反映了计算思维的自动特征。(   )

第 2 章　计算基础

一、单选题

1. 十进制数 222 的基数是________。

A. 10　　B. 100　　C. 2　　D. 222

2. 为什么计算机会采用二进制，下面哪一个不正确________。

A. 物理上实现容易　B. 可靠性高　C. 运算规则简单　D. 更容易理解

3. 现代的二进制记数系统由________于 1679 年设计，在他 1703 年发表的文章《论只使用符号 0 和 1 的二进制算术，兼论其用途及它赋予伏羲所使用的古老图形的意义》中出现。

A. 冯 · 诺依曼　B. 帕斯卡　C. 莱布尼茨　D. 阿基米德

4. 字节是计算机________的基本单位。

A. 计算容量　B. 存储容量　C. 输入数据　D. 存取数据

5. 微机中 1MB 表示的二进制位数是________。

A. 1000000　B. 8×1000000　C. 1024×1024　D. $8 \times 1024 \times 1024$

6. 四个字节由________位（bit）构成。

A. 4　B. 8　C. 16　D. 32

7. 二进制数 1101.111 对应的十进制数是________。

A. 13.875　B. 12.375　C. 13.375　D. 12.875

8. 二进制数 10010.011 对应的十进制数是________。

A. 18.875　B. 18.375　C. 16.75　D. 17.875

9. 八进制数 13.1 对应的十进制数是________。

A. 11.125　B. 11.145　C. 11.375　D. 11.875

10. 八进制数 15.2 对应的十进制数是________。

A. 13.25　B. 13.50　C. 12.75　D. 12.25

11. 十六进制数 EF.A 对应的十进制数是________。

A. 425.725　B. 357.625　C. 239.725　D. 239.625

12. 十六进制数 AF.C 对应的十进制数是________。

A. 171.8125　B. 257.25　C. 175.75　D. 175.625

13. 十进制数 37.125 转换成二进制数是________。

A. 100101.011　B. 100111.011　C. 100101.001　D. 100101.01

14. 十进制数 37.125 转换成十六进制数是________。

A. 25.1　B. 25.2　C. 35.2　D. 37.125

15. 十进制数 129.25 转换成八进制数是________。

A. 201.2　B. 200.5　C. 201.25　D. 210.2

16. 八进制数 45.1 转换成十六进制数是________。

A. 25.2　B. 25.3　C. 24.2　D. 25.1

17. 有这样一个 8 位编码，如果把它看作原码，它代表十进制整数 -1，如果把它看作补码，它代表十进制整数 -127，这个 8 位编码是________。

A. 10000001　B. 11111111　C. 00000001　D. 01111111

18. 已知 X 的补码为 10011000，则它的原码表示为________。

A. 01101000　B. 01100111　C. 10011000　D. 11101000

19. 若十进制数 -57 在计算机内表示为 11000111，则其表示方式为________。

A. ASCII 码　B. 反码　C. 原码　D. 补码

20. 某汉字的区位码是 3630H，它的国标码是________。

A. 4563H　B. 3942H　C. 3345H　D. 5650H

21. 某一汉字的国标码是 3C4DH，它的机内码是________。

A. 5C6DH　B. 1C2DH　C. BCCDH　D. ABCDH

22. 一个 64 × 64 点阵的字形码需要________存储空间。

A. 32B　B. 64B　C. 256B　D. 512B

23. 常见的脉冲编码调制方式需要话筒录音、________、编码等步骤对声音信息进行数字化。

A. 录音、编码　B. 语音识别、模数转换

C. 采样、量化　D. 量化、录音

24. 基本字符的 ASCII 编码在机器中的表示方法准确地描述应是________。

A. 8 位二进制代码，最左 1 位为 0　B. 8 位二进制代码，最右 1 位为 0

C. 8 位二进制代码，最左 1 位为 1　D. 8 位二进制代码，最右 1 位为 1

25. 对于 R 进制数，每一位上的数字可以有________种。

A. R　B. $R-1$　C. $R+1$　D. $R/2$

26. 在标准 ASCII 码表中，已知英文字母 D 的 ASCII 码是 01000100，英文字母 A 的 ASCII 码是________。

A. 01000001　B. 01000010　C. 01000011　D. 01000000

27. 汉字系统中，汉字字库里存放的汉字是________。

A. 汉字的内码　B. 汉字的外码　C. 汉字的字模　D. 汉字的变换码

28. 存储 400 个 24 × 24 点阵汉字字形所需的存储容量是________。

A. 255KB　B. 28KB　C. 256KB　D. 28.125KB

29. 下列叙述中，正确的是________。

A. 空格的 ASCII 码值小于大小写字母的 ASCII 码值

B. 大写英文字母的 ASCII 码值大于小写英文字母的 ASCII 码值

C. 大写和小写英文字母的 ASCII 码值相差的十进制数为 1000

D. 标准 ASCII 码表的每一个 ASCII 码都能在屏幕上显示成一个相应的字符

30. 一个字符的标准 ASCII 码的长度是________。

A. 7 位　B. 8 位　C. 16 位　D. 6 位

31. 下列说法不正确的是________。

A. 数值信息可采用二进制数进行表示

B. 非数值信息可采用基于 0/1 的编码进行表示

C. 从第一台电子计算机 ENIAC 开始，计算机内部都是采用二进制进行数据表示和存储的

D. 信息若想用现代计算机进行处理，必须能在计算机内部转换为 0 和 1 的形式

32. 根据汉字国标 GB 2312—1980 的规定，一个汉字的内码码长为________。

A. 8 位　　B. 12 位　　C. 16 位　　D. 24 位

33. 下列编码中，属于正确的汉字内码的是________。

A. 5EF6H　　B. FB67H　　C. A383H　　D. C97DH

34. 在标准 ASCII 码表中，已知英文字母 K 的十进制码值是 75，英文字母 k 的十进制码值是________。

A. 107　　B. 101　　C. 105　　D. 106

35. 设一个十进制整数为 $D>1$，转换成十六进制数为 H。根据数制的概念，下列叙述中正确的是________。

A. 数字 H 的位数≥数字 D 的位数　　B. 数字 H 的位数≤数字 D 的位数

C. 数字 H 的位数 < 数字 D 的位数　　D. 数字 H 的位数 > 数字 D 的位数

36. 在数制的转换中，正确的叙述是________。

A. 对于相同的十进制整数（>1），其转换结果的位数的变化趋势随着目标进制基数 R 的增大而减少

B. 对于相同的十进制整数（>1），其转换结果的位数的变化趋势随着目标进制基数 R 的增大而增加

C. 使用同样长度的字节表示一个数，任何数在不同数制下的表示都是不相同的

D. 对于同一个整数值，其二进制数表示的位数一定大于十进制数表示的位数

37. 已知英文字母 m 的 ASCII 码值为 6DH，那么 ASCII 码值为 70H 的英文字母是________。

A. q　　B. Q　　C. p　　D. j

38. 已知三个用不同数制表示的整数 $A=(00111101)_B$，$B=(3C)_H$，$C=(64)_D$，则能成立的比较关系是________。

A. $A<B<C$　　B. $B<C<A$　　C. $B<A<C$　　D. $C<B<A$

39. 若用 8 位的 0 和 1 表示一个二进制数，其中 1 位（即最高位）为符号位，其余 7 位为数值位。十进制数 −18 的原码、反码和补码表示，正确的是________。

A. 10010010，01101101，01101110　　B. 10010010，11101110，11101101

C. 10010010，11101101，11101110　　D. 00010010，01101101，01101110

40. 若用 5 位的 0 和 1 表示一个二进制数，其中 1 位（即最高位）为符号位，其余 4 位为数值位。若要进行 −7−4 的操作，可转换为（−7）+（−4）的操作，采用补码进行运算，下列运算式及结果正确的是________。

A. 10111 + 10100 = 11011　　B. 11011 + 11100 = 10111

C. 11001 + 11100 = 10101　　D. 01011 + 11011 = 00110

41. 关于二进制小数的处理，下列说法不正确的是________。

A. 定点数是指二进制小数的小数点被默认处理，或者默认在符号位的后面数值位的前面，或者默认在整个数值位的后面

B. 浮点数采取类科学记数法的形式进行表示，主要包括符号位、纯小数部分和指数部分，其中指数部分的符号和绝对值大小确定了小数点的不同位置，故名浮点数

C. 用于浮点数表示的位数不同，其表达的精度也不同，因此浮点数依据其表示位数的多少通常被区分为单精度数和双精度数。二进制数浮点数处理比定点数处理要复杂得多，机器中一般有专门处理浮点数的计算部件

D. 前述说法有不正确的

42. 逻辑运算是最基本的基于“真 / 假”值的运算，也可以被看作基于“1/0”的运算，1 为真，0 为假。关于基本逻辑运算，下列说法不正确的是________。

A.“与”运算的优先级高于或运算

B.“或”运算的优先级低于“非运算”

C.“非”运算的优先级高于“与”和“或”运算

D.“与”“或”“非”运算的优先级相等，按照从左到右顺序运算

43. 下列逻辑运算结果正确的是________。

A. 1 XOR 1 = 1　B. 0 OR 1 = 0　C. 1 AND 0=1　D. 0 XOR 1 = 1

44. IEEE 754 标准规定，32 位单精度浮点数的阶码位占________位。

A. 1　B. 2　C. 4　D. 8

45. 有关二维码与条形码的说法，以下哪个说法是正确的________。

A. 二维码与条形码码制相同

B. 条形码比二维码的纠错能力强

C. 每个二维码和条形码的信息容载量是一样的

D. 以上都不对

二、多选题

1. 二进制的优越性包括________。

A. 可靠性　B. 简易性　C. 逻辑性　D. 可行性

E. 书写简单

2. 以下和汉字相关的编码有________。

A. 国标码　B. 区位码　C. 字形码　D.ASCII 码

E. 补码

3. 负数的补码转换为原码的方法有________。

A. 补码减一，然后除符号位以外按位取反

B. 补码除符号位以外按位取反，加一

C. 补码加一，然后除符号位以外，按位取反

D. 补码除符号位以外按位取反，减一

4. 由区位码转换到机内码的方法有________。

A. 机内码 = 区位码 +A0A0H

B. 国标码 = 区位码 +2020H，机内码 = 国标码 +8080H

C. 国标码 = 区位码 +3232H，机内码 = 国标码 +8080H

D. 国标码 = 区位码 +3232，机内码 = 国标码 +8080

5. 关于矢量图和位图，下列说法正确的是________。

A. 位图可以无限放大，不变色、不模糊，不失真

B. 位图不能无限放大，当无限放大时，效果会失真

C. 矢量图不能无限放大，当无限放大时，效果会失真

D. 矢量图可以无限放大，不变色、不模糊，不失真

6. 二进制数 1011.01 等于________。

A. 十进制数 11.25　　B. 十六进制数 B.4

C. 八进制数 11.75　　D. 八进制数 13.2

7. 计算机中所用的字符编码有________。

A.BCD 码　　B.ASCII 码　　C. 反码　　D. 原码

8. 计算机中的数用浮点数表示时，预留________的长度越大，对应可以表示的数的精度越高；预留________的长度越大，可以表示的数的绝对值越大。

A. 指数　　B. 小数　　C. 阶码　　D. 尾数

9. 计算机学科中常用的数制包括________。

A. 二进制　　B. 八进制　　C. 十进制　　D. 十二进制

E. 十六进制　　F. 六十进制

10. 机器数常用的表示方法有________。

A. 原码　　B. 反码　　C. 补码　　D. ASCII 码

三、填空题

1. 存储一个 ASCII 码需要________字节。
2. $(11110001)_B-(10100010)_B=(\_\_\_\_)_B$
3. $(1101)_B\times(1010)_B=(\_\_\_\_)_B$
4. $(1011)_B$ AND $(1001)_B=(\_\_\_\_)_B$
5. 图像按照生成方法可分为 ________图和矢量图。
6. 已知 y=−1100111，则 y 的原码是________，反码是________，补码是________。用 1 字节表示。
7. 描述汉字“中”从输入到从计算机屏幕输出的过程。

　　【提示】“中”的区位码为 5448D，即位于 54 区的第 48 位。参照如下“大”字的转换流程，进行填空。

大 → 输入设备 → 区位码 1453H → 国标码 3473H → 机内码 B4F3H → 字形码 → 输出设备

　　“中”字的区位码是________H，国标码是________H，机内码是________H。

8. 给出字母 A 的 ASCII 形式（二进制，用 1 字节表示）________，以及对应的十进制________。
9. $(321.723)_D=(\_\_\_\_)_O=(\_\_\_\_)_H$ 小数点后保留 2 位。
10. $(0.7875)_D=(\_\_\_\_)_O$ 小数点后保留 3 位。
11. 1GB 等于________MB。
12. 1TB 等于________GB。
13. 1KB 等于________B。
14. $(10)_O=(\_\_\_\_)_D$。
15. 数字 34 不可能是二、八、十、十六中的________进制 。
16. 二进制数 10111000 和 11001010 进行逻辑“与”运算，结果再与 10100110 进行逻辑“或”运算，最终结果的二进制形式为________。
17. 一个十进制数 234，用无符号数表示，需要________字节（填 1 或者 2）。

18. ________(填正或者负) 数的原码、反码和补码是一样的。
19. 用 1 字节表示 97 的补码，结果为________(只需要输入由 01 组成的答案，中间不要加空格，不要加括号、逗号等符号)。
20. 已知字符‘b’的 ASCII 码对应的十进制为 98，‘B’的 ASCII 比‘b’小 32，‘B’的 ASCII 码的二进制为________(只需要输入由 01 组成的答案，中间不要加空格，不要加括号、逗号等符号)。

四、判断题

1. ASCII 码是英文字母与符号的 0/1 编码方法，是用 7 位 0 和 1 的不同组合来表示 10 个数字、26 个英文大写字母、26 个英文小写字母及其一些特殊符号的编码方法，是信息交换的标准编码。(　　)
2. 计算机采用 0 和 1 表示信息，是因为计算机只能识别二进制。(　　)
3. 用二进制表示数据具有抗干扰能力强、可靠性高等优点。(　　)
4. 因为基于二进制的算术运算计算规则简单，与逻辑运算能够统一起来，并且元器件容易实现，所以计算机内部采用二进制表示信息。(　　)
5. 用 0 和 1 来表示逻辑运算，与运算（AND）的规则为有 0 为 0，全 1 为 1。(　　)
6. 用 0 和 1 来表示逻辑运算，或运算（OR）的规则为有 0 为 0，全 1 为 1。(　　)
7. 用 0 和 1 来表示逻辑运算，非运算（NOT）的规则为非 0 则 1，非 1 则 0。(　　)
8. 用 0 和 1 来表示逻辑运算，异或运算（XOR）的规则为不同为 0，相同为 1。(　　)
9. 正数的原码、反码、补码相同。(　　)
10. 在计算机中，1000K 字节称为 1MB。(　　)

第3章　计算平台

一、单选题

1. CPU 的参数（如 3.33GHz），指的是________。

A. CPU 的速度　　B. CPU 的大小　　C. CPU 的主频　　D. CPU 的字长

2. CPU 主要技术性能指标有________。

A. 字长、主频和运算速度　　B. 可靠性和精度

C. 耗电量和效率　　D. 冷却效率

3. 下列关于 CPU 的叙述中，正确的是________。

A. CPU 能直接读取硬盘上的数据　　B. CPU 能直接与内存储器交换数据

C. CPU 的主要组成部分是存储器和控制器　　D. CPU 主要用来执行算术运算

4. 在微机的硬件系统中，________是计算机的记忆部件。

A. 运算器　　B. 控制器　　C. 存储器　　D. 中央处理器

5. 光盘是一种已广泛使用的外存储器，英文缩写 CD-ROM 指的是________。

A. 只读型光盘　　B. 一次写入光盘　　C. 追记型读写光盘　　D. 可抹型光盘

6. 用来存储当前正在运行的应用程序和其相应数据的存储器是________。

A. RAM　　B. 硬盘　　C. ROM　　D. CD-ROM

7. 在下列存储器中，存取速度最快的是________。

A. 硬盘存储器　　B. CD-ROM　　C. 内存储器　　D. U 盘

8. 下面关于 ROM 的叙述中，错误的是________。

A. ROM 中的信息只能被 CPU 读取

B. ROM 主要用来存放计算机系统的程序和数据

C. 不能随时对 ROM 的内容进行改写

D. ROM 一旦断电信息就会丢失

9. 下列说法中，正确的是________。

A. 访问机械硬盘数据时，盘片不动，而是读写磁臂转动

B. 硬盘的盘片是可以随时更换的

C. 硬盘安装在机箱内，它是主机的组成部分

D. 以上描述都不对

10. CPU 不能直接访问的存储器是________。

A. RAM　　B. ROM　　C. 内存储器　　D. 外存储器

11. 手写板或鼠标属于________。

A. 输入设备　　B. 输出设备　　C. 中央处理器　　D. 存储器

12. 下列设备中，不能作为微机输入设备的是________。

A. 麦克风　　B. 扫描仪　　C. 鼠标　　D. 绘图仪

13. 在下列设备中，不能作为微机输出设备的是________。

A. 打印机　　B. 显示器　　C. 麦克风　　D. 绘图仪

14. 一个完整的计算机系统包括________。
A. 主机、鼠标、键盘和显示器　B. 系统软件和应用软件
C. 主机、显示器、键盘和音箱等外部设备　D. 硬件系统和软件系统
15. 下列关于计算机指令系统的描述正确的是________。
A. 指令系统是一台计算机能直接理解与执行的全部指令的集合
B. 指令系统是构成计算机操作系统的全部指令的集合
C. 指令系统是计算机中程序的集合
D. 指令系统是计算机中指令和数据的集合
16. 不同计算机的指令系统也不相同，这主要取决于________。
A. 所用的操作系统　B. 系统的总体结构
C. 所用的 CPU　D. 所用的程序设计语言
17. 在计算机中，指令主要存放在________中。
A. 运算器　B. 键盘　C. 鼠标　D. 存储器
18. 在指令中，表示要操作的数据或操作结果的存放位置的部分被称作________。
A. 程序　B. 命令　C. 操作码　D. 操作数
19. 计算机软件必须包括________。
A. 接口软件　B. 系统软件　C. 应用软件　D. 支撑软件
20. 计算机系统软件中，最基本、最核心的软件是________。
A. 操作系统　B. 数据库管理系统　C. 程序语言处理系统　D. 系统维护工具
21. 下列不是操作系统的是________。
A. Linux　B. UNIX　C. MS DOS　D. MS Office
22. 下列属于系统软件的是________。
A. 航天信息系统　B. Office 2023　C. Windows 11　D. 教务管理系统
23. 在多道程序设计的计算机系统中，CPU________。
A. 永远只能被一个程序占用　B. 可以被多个程序同时占用
C. 可以被多个程序交替占用　D. 以上都不对
24. 为了解决存取速度、存储容量和存储器件价格这三方面的矛盾，人们提出了多层次存储系统的概念，即由________共同组成计算机中的存储系统。
A. Cache、RAM、ROM、外存　B. RAM、外存
C. RAM、ROM、软盘、硬盘　D. Cache、RAM、ROM、磁盘
25. 微型计算机中的内存储器，通常采用________。
A. 光存储器　B. 磁表面存储器
C. 半导体存储器　D. 磁芯存储器
26. 交互式操作系统允许用户频繁地与计算机对话，下列不属于交互式操作系统的是________。
A. Windows 系统　B. DOS 系统　C. 分时系统　D. 批处理系统
27. 在操作系统中，文件管理的主要功能是________。
A. 实现文件的虚拟存取　B. 实现文件的高速存取
C. 实现文件的按内容存取　D. 实现文件的按名存取
28. 运算器的组成部分不包括________。
A. 控制线路　B. 译码器　C. 加法器　D. 寄存器

29. 下列度量单位中，用来度量计算机运算速度的是________。

A. MB/s　　B. MIPS　　C. GHz　　D. MB

30. 下面关于随机存取存储器（RAM）的叙述中，正确的是________。

A. SRAM 集成度低，但存取速度快且无须“刷新”

B. DRAM 的集成度高且成本高，常用作 Cache

C. DRAM 的存取速度比 SRAM 快

D. DRAM 中存储的数据断电后不会丢失

31. 显示器的主要技术指标之一是________。

A. 分辨率　　B. 亮度　　C. 彩色　　D. 对比度

32. 目前使用的硬磁盘，在其读 / 写寻址过程中________。

A. 盘片静止，磁头沿圆周方向旋转

B. 盘片旋转，磁头静止

C. 盘片旋转，磁头沿盘片径向运动

D. 盘片与磁头都静止不动

33. ROM 中的信息是________。

A. 由生产厂家预先写入的　　B. 在安装系统时写入的

C. 根据用户需求不同，由用户随时写入的　　D. 由程序临时存入的

34. 下列关于磁道的说法中，正确的是________。

A. 盘面上的磁道是一组同心圆

B. 由于每一磁道的周长不同，所以每一磁道的存储容量也不同

C. 盘面上的磁道是一条阿基米德螺线

D. 磁道的编号最内圈为 0，由内向外逐渐增大，最外圈的编号最大

35. 并行端口常用于连接________。

A. 键盘　　B. 鼠标　　C. 打印机　　D. 显示器

36. 下面关于 USB 的叙述中，错误的是________。

A. USB 接口的尺寸比并行接口大得多

B. USB 3.0 的数据传输率远高于 USB 2.0

C. USB 具有热插拔与即插即用的功能

D. 在 Windows 11 中，使用 USB 接口连接的外部设备（如 U 盘）不需要驱动程序

37. 以下说法错误的是________。

A. 程序被存放在外存上　　B. 进程是正在内存中被运行的程序

C. 线程再细分就是进程了　　D. 传统的应用程序都是单线程的

38. 下面说法正确的是________。

A. 计算机冷启动和热启动都要进行系统自检

B. 计算机冷启动要进行系统自检，而热启动不要进行系统自检

C. 计算机热启动要进行系统自检，而冷启动不要进行系统自检

D. 计算机冷启动和热启动都不要进行系统自检

39. 中央处理器中负责对指令进行译码分析的是________。

A. 运算器　　B. 控制器

C. 内部总线　　D. 寄存器

40. SDRAM 内存在一个时钟周期（一般以 ns 为单位）的上升沿传输数据，而 DDR 内存能在________的上升沿和下降沿都传输数据。

A. 一个时钟周期　B. 两个时钟周期　C. 半个时钟周期　D. 四分之一个时钟周期

二、多选题

1. ________是微机操作系统。

A. DOS　B. UNIX　C. AutoCad　D. Windows

2. 计算机软件分为________等几大类。

A. 系统软件　B. 杀毒软件　C. 数据库软件　D. 应用软件

3. 典型的计算机硬件结构主要包括________。

A. 存储器　B. 运算器　C.I/O 设备　D. 控制器

4. 操作系统的功能是________。

A. 提高计算的可用性　B. 对硬件资源分配、控制、调度、回收

C. 实行多用户及分布式处理　D. 对计算机系统的所有资源进行控制和管理

5. 运算器的功能是________。

A. 执行算术运算指令　B. 执行逻辑运算指令

C. 执行地址分析指令　D. 执行数据分析指令

6. 下列设备中，________能作为计算机的输出设备。

A. 打印机　B. 显示器　C. 绘图仪　D. 模数转换器

7. ________是输入设备。

A. 绘图仪　B. 鼠标　C. 键盘　D. 卡片阅读机

8. 以下属于计算机外存储器的有________。

A. 打印机　B. 硬盘　C.U 盘　D. 磁带

9. ________不是 CPU 的基本处理对象。

A. 语句　B. 磁盘　C. 文件　D. 指令

10. 一台微机的主要性能指标包括________。

A. 价格的高低　B.CPU 的型号　C. 硬盘的大小　D. 内存空间的大小

11. 系统总线包括________三种。

A. 数据总线　B. 逻辑线　C. 控制总线　D. 地址总线

12. 下列说法正确的是________。

A. 存储器的内容都是用户可以读取改写的

B. 从存储器某个单元取出其内容后，该单元仍保留原来的内容不变

C. 存储器某个单元存入新信息后，原来保存的内容自动丢失

D. 从存储器某个单元取出其内容后，该单元的内容将消失

13. 与 DOS 操作系统相比较，Windows 操作系统的主要特点是________。

A. 图形化工作界面　B. 每个程序运行都可有各自的窗口

C. 多任务处理环境　D. 单任务处理环境

14. 数据传送指令可以实现________。

A. 将某寄存器中的数据送到另一个寄存器

B. 将某存储单元中的数据送到某个寄存器

C. 将某存储单元中的数据送到磁盘

D. 将某存储单元中的数据送到另一个存储单元

15. 衡量 CPU 的主要技术指标是________。

A. 主频　　B. 字长　　C. 寻址能力　　D. 运算能力

16. 计算机中控制总线提供________。

A. 存储器和 I/O 设备的地址码

B. 所有存储器和 I/O 设备的时序信号和控制信号

C. 来自 I/O 设备和存储器的响应信号

D.CPU 访问内存的地址信号

17. 用于提升 CPU 处理速度的技术是________，用于将物理内存划分为内存使用的技术是________。

A. GPU　　B. 睿频　　C. 虚拟内存　　D. 蓝光

三、填空题

1. ________芯片是主板上用来存储基本输入输出系统程序的只读存储器芯片。
2. 在微型计算机中，按总线所连接的对象，可将总线分为内部总线、系统总线和外部总线，其中，________是主板上连接各大部件的总线。
3. 已知一个具有 14 位地址和 8 位数据的存储器，该存储器能存储________KB 的信息。
4. 按照软件许可证分类可以分为终身软件许可证、年度软件许可证、商业软件许可证和________软件许可证。
5. ________(填写串行或者并行）通信模式的抗干扰能力强。
6. ________负责资源的调度，控制硬件工作，从而使人在一个更高的层面上使用计算机，不必考虑计算机内部具体如何实现。
7. 进程可以进一步细分为________，也被称作轻量级的进程。
8. 一条指令通常由两部分组成，__________部分表示指令要执行的操作性质。
9. 硬盘接口类型 SATA 是 Serial ATA 的缩写，它是一种 ________接口。
10. ____________的一个主要作用是将计算机的数据封装成帧，并通过网线（对无线网络来说就是电磁波）将数据发送到网络上去。

四、判断题

1. CPU 能直接读取硬盘上的数据。(　　)
2. CPU 能直接存取内存储器上的数据。(　　)
3. CPU 仅包含运算器和控制器两部分。(　　)
4. CPU 主要用来存储程序和数据。(　　)
5. 硬盘与 U 盘之间不能直接交换数据。(　　)
6. 外存储器中所存储的信息在断电后会随之丢失。(　　)
7. 硬盘驱动器既可作为输入设备又可作为输出设备。(　　)
8. 串行接口一次仅传输 8 位二进制数。(　　)
9. 虚拟存储系统能够为用户提供一个虚拟内存空间，但其大小有一定的范围，受到外存空

间及 CPU 地址表示范围的限制。(　　)

10. BIOS（Basic Input Output System）是基本输入输出系统，开机时可以进行设置。(　　)
11. 串行接口是指数据一位一位地顺序传送，其特点是通信线路简单，适用于远距离通信，但传送速度较慢。(　　)
12. 通常，在计算机系统整体性能相协调的情况下，机器字长越大越好，机器主频越高越好。(　　)
13. 中央处理器和主存储器构成计算机的主体，称为主机。(　　)
14. 内存容量是衡量计算机精度和运算速度的主要技术指标之一。(　　)
15. 机械硬盘中不同磁道上的扇区数目相同。(　　)
16. CPU 的睿频可以设置为任意大的值。(　　)
17. 某 8 位微处理机的地址线有 16 根，其寻址能力为 64KB。(　　)
18. 广泛使用的静态随机存储器和动态随机存储器都是半导体随机读写存储器。前者的速度比后者快，但集成度不如后者高。(　　)
19. Cache 和主存构成了内存储器，全由硬件实现。(　　)
20. 进程是操作系统资源分配的基本单位，而线程是任务调度和执行的基本单位。(　　)

第 4 章　算法及程序设计

一、单选题

1. 以下________不是衡量一个算法好坏的标准。

   A. 时间复杂度　　B. 空间复杂度　　C. 所用的编程语言　　D. 易理解性

2. 算法的三大控制结构的共同特点是________。

   A. 不能嵌套使用　　B. 只能用来写简单的程序

   C. 有多个入口和多个出口　　D. 只有一个入口和一个出口

3. 表示图中坐标轴上阴影部分（包含 a，b，c 三点）的正确表达式是________。

   A. $x<=a$ and $x>=b$ and $x<=c$　　B. $x<=a$ or $b<=x<=c$

   C. $x<=a$ or $x>=b$ and $x<=c$　　D. $x<=a$ and $b<=x<=c$

4. 以下伪代码 While 循环执行的次数是________。

```
k=0
While k=1
    k=k+1
End While
```

   A. 无限次　　B. 伪代码有错误　　C. 一次也不执行　　D. 执行 1 次

5. 下列伪代码输出的结果是________。

```
S=0
i = 2
While i <= 10
    s = s + i
    i=i+2
End While
Output s
```

   A. 10　　B. 20　　C. 30　　D. 40

6. 在使用递归算法解决问题时，应满足以下两点：一是该问题能够被递归形式描述，二是________。

   A. 存在递归结束的边界条件　　B. 该问题能够分解为简单问题

   C. 该问题能够用公式进行描述　　D. 该问题无法用递推方法解决

7. ________是一种不断用变量的旧值推出新值的过程。

   A. 递归法　　B. 迭代法　　C. 贪心法　　D. 枚举法

8. 将要解决的问题划分成若干规模较小的同类问题，当子问题划分得足够小时，用较简单的方法解决，这种方法属于________。

   A. 分治法　　B. 动态规划法　　C. 贪心法　　D. 回溯法

9. ________是求解决策过程最优化的方法。

A. 分治法　B. 动态规划法　C. 贪心法　D. 回溯法

10. 折半查找算法不能在________的数组中进行查找。

A. 排好序　B. 按从小到大排序　C. 按从大到小排好　D. 没有排序

11. 尼古拉斯·沃斯提出了著名的论断，程序 = 数据结构 + ________。

A. 算法　B. 伪代码　C. 流程图　D. 某种程序代码

12. 在 Raptor 软件中，赋值操作用________图形表示。

A. 向右箭头 + 平行四边形　B. 矩形

C. 平行四边形 + 向右箭头　D. 矩形 + 空心向右箭头

13. 下述伪代码运行的结果是________。

主调过程：

```
n=21
Call oddeven (n , flag)
If flag=0 Then
    Output  "even"
Else
    Output "odd"
End If
```

被调过程：

```
Procedure oddeven (x , y)
    If x mod 2 =0 Then
        y=0
    Else
        y= 1
    End If
End Procedure
```

A. even　B. odd　C. oddeven　D. evenodd

14. 给你 8 颗小石头和一架托盘天平。有 7 颗石头的重量是一样，另外一颗比其他石头略重，除此之外，这些石头完全没有分别。请问：最少要称量几次，你才能把那颗略重的石头找出来？

A. 1 次　B. 2 次　C. 3 次　D. 4 次

15. 以下伪代码中，For 循环执行的次数是________。

```
S=0
For i = 100 to 1  step 1
    s=s+i
End For
```

A. 无限次　B. 11 次　C. 一次也不执行　D. 执行 1 次

16. 以下伪代码中，For 循环执行的次数是________。

```
S=0
For i = 10 to 1  step -1
    s=s+i
End For
```

A. 无限次　B.10 次　C. 一次也不执行　D. 执行 1 次

17. 下面关于算法和程序的说法中，正确的是________。
   A. 算法可采用伪代码或流程图等不同方式来描述
   B. 程序只能用高级语言编写
   C. 算法和程序是一一对应的
   D. 算法就是程序
18. 算法是求解问题的步骤，算法由于问题的不同而千变万化，但它们必须满足若干共同的特性，但________这一特性不必满足。
   A. 操作步骤的确定性　　B. 操作步骤的有穷性
   C. 操作步骤的有效性　　D. 必须有多个输入
19. 阅读下列算法，回答问题。
   （1）输入 N 的值；
   （2）设 i 的值为 1；
   （3）如果 $i<=N$，则执行第 4 步，否则转到第 7 步执行；
   （4）计算 sum + i，并将结果赋给 sum；
   （5）计算 i+1，并将结果赋给 i；
   （6）返回到第 3 步继续执行；
   （7）输出 sum 的结果。
   关于上述算法，说法正确的是________。
   A. 能够正确地计算 sum=1+2+3+4+…+N
   B. 不能正确地计算 sum=1+2+3+4+…+N
   C. 能够正确地计算 sum=1+2+3+4+…+（N−1）
   D. 不能正确地计算 sum=1+2+3+4+…+（N−1）
20. 阅读下列算法，回答问题。
   （1）N=10；
   （2）i=2；sum=2；
   （3）如果 $i<=N$，则执行第 4 步，否则转到第 8 步执行；
   （4）如果 i / 2 的余数为 0，则转到第 6 步执行；
   （5）sum = sum + i；
   （6）i = i+1；
   （7）返回到第 3 步继续执行；
   （8）输出 sum 的结果。
   算法执行的结果为________。
   A. 24　　B. 26　　C. 55　　D. 45
21. 用计算机无法求出所有素数，这是因为解决问题的算法违反了算法的________特性。
   A. 唯一性　　B. 有穷性
   C. 有 0 个或多个输入　　D. 有 1 个或多个输出
22. 以下求 1 ～ 100 所有偶数之和的算法是用________语言描述的？
   （1）将 1 的值赋给变量 i，0 的值赋给 sum；
   （2）判断 i 是否能被 2 整除，若能，则将 i 的值累加到 sum 中；
   （3）变量 i 加 1，若 i 小于或等于 100，则转去执行第 2 步；

（4）输出 sum 的值。

A. 自然语言　　B. 流程图　　C. 伪代码　　D. 计算机语言

23. 某交通工具允许乘客携带不超过 20 kg 的行李，检测行李重量的部分流程图如下，图中的虚线框部分应该实现的功能是________。

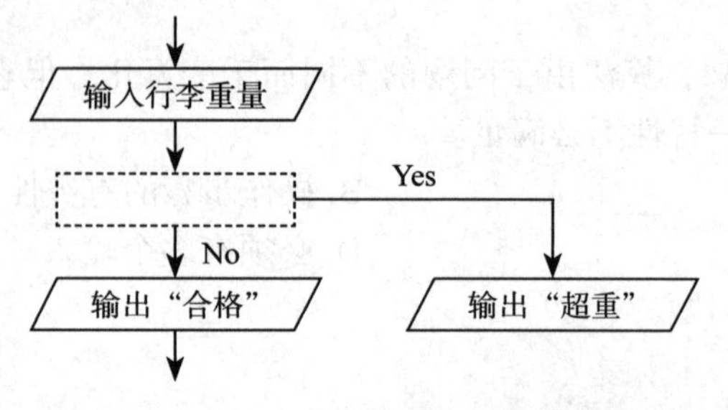

A. 判断行李是否超过 20 kg　　B. 输出行李的重量

C. 输入行李的重量　　D. 输出超重部分重量

24. 求矩形面积 s 的部分流程图如下图所示，矩形的长和宽分别用变量 a 和 b 表示，对于框①和框②的作用，下列说法正确的是________。

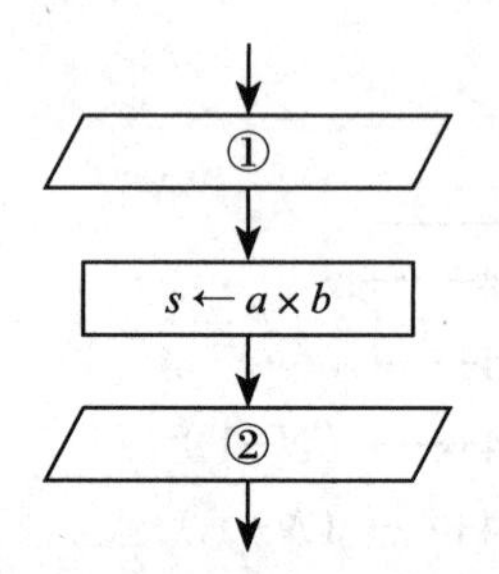

A. 框①用于输入 a 和 b 的值，框②用于输出 s 的值

B. 框①用于输出 a 和 b 的值，框②用于输出 s 的值

C. 框①用于输入 a 和 b 的值，框②用于输入 s 的值

D. 框①用于输出 a 和 b 的值，框②用于输入 s 的值

25. 算法功能为输入圆半径 r，输出圆周长和面积，流程图如下所示，默认的框①，框②，框③分别是________。

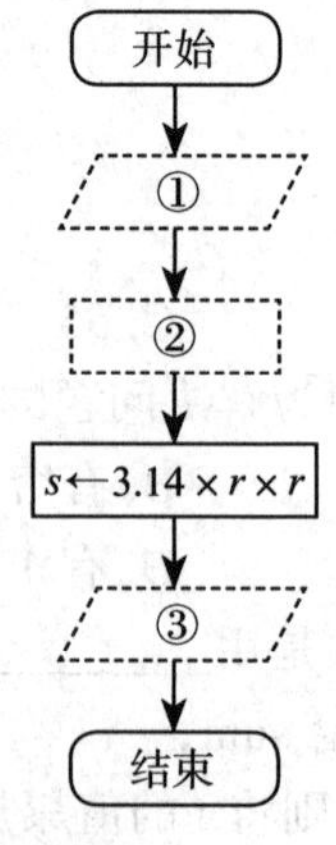

A. 输入 r，$L \leftarrow 2 \times 3.14 \times r$，输出 L 和 S

B. $L \leftarrow 2 \times 3.14 \times r$，输入 r，输出 L 和 S

C. 顺序结构的语句都会执行到，所以语句先后次序可以颠倒

D. 以上都对

26. 关于穷举法，下列说法错误的是________。

A. 穷举法的基本思想是，根据问题的部分已知条件预估解的范围，并在此范围内对所有可能的情况进行逐一验证，直到找到满足已知条件的解为止

B. 穷举范围的大小直接影响着穷举法的执行效率

C. 穷举法，也称蛮力法或暴力搜索法，理论上利用这种方法可破解任何一种密码

D. 穷举范围中的判定条件直接影响着穷举法的执行效率

27. 用 1 元 5 角人民币兑换 5 分、2 分和 1 分的硬币（每一种都要有）共 100 枚，问：共有几种兑换方案？每种方案各换多少枚？这个问题可以采用穷举法求解，设 5 分、2 分和 1 分的硬币各换 x、y、z 枚，由于每一种硬币都要有，故 5 分硬币最多可换 29 枚，2 分硬币最多可换 72 枚，1 分硬币可换 $100-x-y$ 枚，x，y，z 只需满足条件________即可打印输出，对每一组满足条件的 x，y，z 值用计数器计数即可得到兑换方案的数目。

A. $5x+2y+z=1500$　　B. $5x+2y+z=1.5$

C. $5x+2y+z=15$　　D. $5x+2y+z=150$

28. 关于分治法能解决的问题所具有的特征，以下说法错误的是________。

A. 该问题可以分解为若干个规模较小的相同子问题

B. 该问题的规模足够大

C. 该问题的规模缩小到一定程度就可以很容易地解决

D. 可以将各个子问题的解合并为原问题的解

29. 用穷举法计算并输出 100 ～ 999 之间所有的水仙花数。水仙花数是指各数位数字的立方和等于该数本身的三位数。例如，153 是水仙花数，因为 $153=1^3+5^3+3^3$。设水仙花数的百位、十位、个位数字分别为 i、j、k，通过遍历 i、j、k 的所有可能取值，并判定 $i \times 100+j \times 10+k$ 与 $i \times i \times i+j \times j \times j+k \times k \times k$ 是否相等，即可确定该三位数是否为水仙花数。其中 i 的穷举范围应为________。

A. 1 ～ 10　　B. 0 ～ 9

C. 1 ～ 9　　D. 0 ～ 10

30. 百僧分馍是一道古代算术命题。一百馒头一百僧，大僧三个更无争，小僧三人分一个，大小和尚得几丁？意思是说：100 个和尚分 100 个馒头，大和尚 1 人分 3 个馒头，小和尚 3 人分 1 个馒头。大、小和尚各有多少人？该题可用枚举法进行求解，设大和尚人数为 i，小和尚人数为 j，则效率最高的枚举范围是________。

A. $0<=i<=100$，$0<=j<=100$　　B. $0<=i<=100$，$0<=j<=300$

C. $0<=i<=33$，$0<=j<=99$　　D. $0<=i<=33$，$0<=j<=100$

31. 假设每一步只能迈上 1 个或 2 个台阶，要想上完 10 个台阶，一共有多少种走法？下面说法正确的是________。

A. 用递归算法，递归关系式为 $f(n)=f(n-1)+2$，共有 231 种走法

B. 用递归算法，递归关系式为 $f(n)=f(n-1)+f(n-2)$，共有 89 种走法

C. 用递归算法，递归关系式为 $f(n)=f(n-1)+f(n-2)$，共有 231 种走法

D. 用递归算法，递归关系式为 $f(n)=2f(n-1)$，共有 89 种走法

32. 如下图，使用动态规划方法计算从地点 0 到地点 6 的最短路径________。

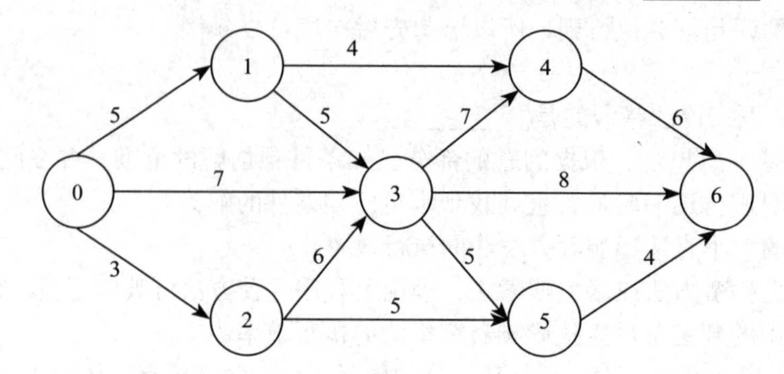

A. 0 → 1 → 4 → 6　B. 0 → 3 → 4 → 6　C. 0 → 2 → 3 → 6　D. 0 → 2 → 5 → 6

33. 以下选项中，不是 Python 语言中保留字的是________。

A. while　B. pass　C. do　D. except

34. 关于 Python 程序格式框架，以下选项中描述错误的是________。

A. Python 语言不采用严格的“缩进”来表明程序的格式框架

B. Python 单层缩进代码属于之前最邻近的一行非缩进代码，多层缩进代码根据缩进关系决定所属范围

C. Python 语言的缩进可以采用 Tab 键实现

D. 判断、循环、函数等语法形式能够通过缩进包含一批 Python 代码，进而表达对应的语义

35. 下列选项中不符合 Python 语言变量命名规则的是________。

A. TempStr　B. D　C. 3_1　D. _AI

36. 给出如下代码 TempStr ="Hello World" ，则可以输出 "World" 子串的是________。

A. print(TempStr[–5:0])　B. print(TempStr[–5:])

C. print(TempStr[–5: –1])　D. print(TempStr[–4: –1])

37. 代码 print（0.1+0.2==0.3）的输出结果是________。

A. false　B. True　C. False　D. true

38. 代码 print(round(0.1 + 0.2,1) == 0.3) 的输出结果是________。

A. 0　B. 1　C. False　D. True

39. 以下选项中可访问字符串 *s* 从右侧向左第三个字符的是________。

A. *s*[3]　B. *s*[：−3]　C. *s*[−3]　D. *s*[0：−3]

40. 以下关于循环结构的描述，错误的是________。

A. 使用 range() 函数可以指定 for 循环的次数

B. 遍历循环使用 for < 循环变量 > in < 循环结构 > 语句，其中循环结构不能是文件

C. or *i* in range(5) 表示循环 5 次 *i* 的值是 0 ～ 4

D. 用字符串作为循环结构的时候，循环的次数是字符串的长度

二、多选题

1. 描述算法的方式有________。

A. 自然语言描述　B. 流程图描述　C. 伪代码描述　D. 二进制代码描述

2. 自然语言描述算法的优点是简单容易、通俗易懂，缺点是________。

A. 易产生二义性

B. 描述算法冗长

C. 算法存在循环或选择较多时，不易清晰表示出来

D. 通俗易懂

3. 枚举法的设计思路主要涉及的两个方面是________。

A. 找出枚举的范围　B. 找出数据规律　C. 找出枚举的条件　D. 对数据进行排序

4. 算法设计的要求包括________。

A. 正确性　B. 可读性　C. 鲁棒性　D. 确定性

5. 递归模型主要由________组成。

A. 递归条件　B. 递归关系式　C. 递归出口　D. 递归范围

6. 递推模型主要由________组成。

A. 递推条件　B. 递推关系式　C. 递推范围　D. 递推边界

7. 下面哪些是流程图常用的符号________。

A. 菱形　B. 平行四边形　C. 圆角矩形　D. 圆

8. 下面哪些伪代码可以实现两个整数进行交换的功能？________

A. $t=a$，$a=b$，$b=t$　B. $a=a+b$，$b=a-b$，$a=a-b$

C. $a=a \oplus b$，$b=a \oplus b$，$a=a \oplus b$　D. $a=a \times b$，$b=a/b$，$a=a/b$

9. 以下关于 Python 函数说法正确的是________。

A. Python 函数不需要指定函数名

B. Python 函数不需要指定形参数据类型

C. Python 函数的返回值可以是多个

D. Python 函数定义的关键字是 def

10. 以下说法正确的是________。

A. Python 中定义函数的关键字是 def

B. 在函数内部可以通过关键字 global 来定义全局变量

C. 如果函数中没有 return 语句或者 return 语句不带任何返回值，那么该函数的返回值为 None

D. 已知 f = lambda x: 5，那么表达式 f(3) 的值为 3

三、填空题

1. 求数字立方值的伪代码框架如下，请将被调过程补充完整。

主调过程：

```
Input n
Call cube(n,m)
```

被调过程：

```
 Procedure cube (x,y)

  ________
End Procedure
```

2. 判断一个整数奇偶性的流程图如下，菱形框中的条件应该是________。

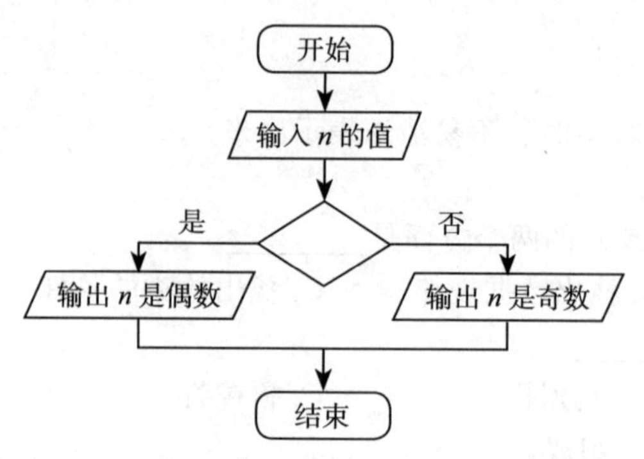

3. 已知圆半径，求圆面积的流程图如下，矩形框中流程应该是________。圆面积公式为 $s=\pi \cdot r^2$，其中 s 是圆面积，r 是圆半径，π 用 3.14 表示。

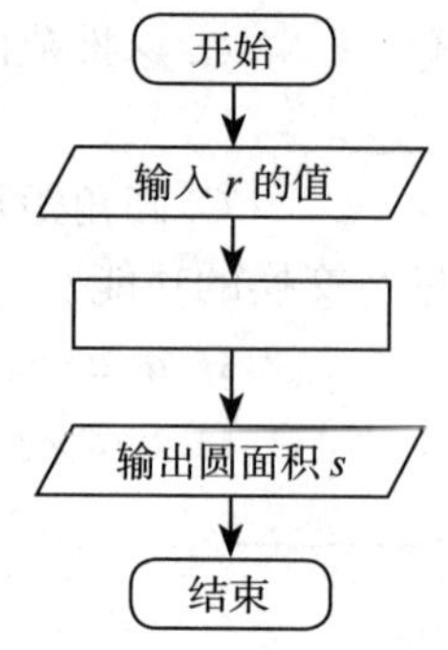

4. 下面是求 a、b、c 三个整数中最大值的流程图，流程图中框①、框②、框③的流程分别是________、________、________。

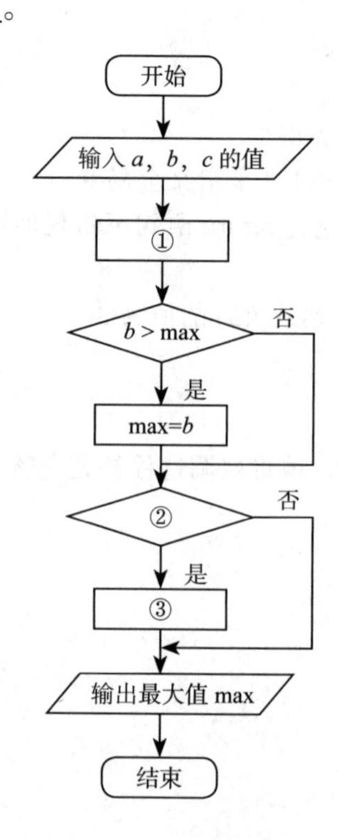

5. 下面是利用递归求 n 的阶乘 $f(n)$ 的流程图，流程图中框①和框②分别应该填入________和________。

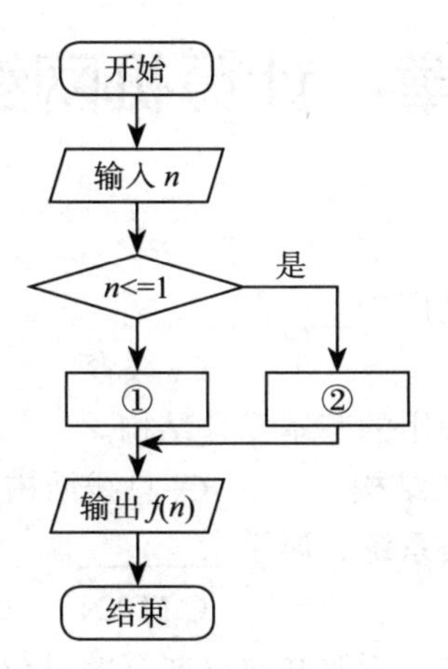

四、判断题

1. 列举问题涉及的所有情形，并使用一定条件检验每一种情形是否为问题的解，这种算法被称为递推算法。(　　)
2. 直接或间接地调用自身的算法称为递归算法。(　　)
3. 通过已知的初始条件，利用特定关系得出中间推论，直到得到最后的结果，可以用递归算法实现。(　　)
4. 迭代算法是一种不断用变量的旧值推出新值的过程。(　　)
5. 将要解决的问题划分成若干规模较小的同类问题，当子问题划分得足够小时，用较简单的方法解决，这种方法属于分治法。(　　)
6. 多阶段决策问题属于贪心算法问题。(　　)
7. 以深度优先方式系统地搜索问题的算法是动态规划。(　　)
8. 折半查找算法只能在排过序的数组中进行查找。(　　)
9. 用辗转相除法求 14 和 6 的最大公约数，需要迭代 1 次。(　　)
10. 现有硬币 20 枚，里面混入了一枚假币，假币比真币轻，用一个天平需要称 3 次才能找出假币。(　　)

第5章　计算机网络基础

一、单选题

1. 计算机网络最初创建的目的是用于________。

A. 政治　　B. 经济　　C. 教育　　D. 军事

2. ________不是计算机网络常采用的基本拓扑结构。

A. 星形结构　　B. 分布式结构　　C. 总线结构　　D. 环形结构

3. 一座大楼内的一个计算机网络系统，属于________。

A.PAN　　B.LAN　　C.MAN　　D.WAN

4. 在局域网中以集中方式提供共享资源并对这些资源进行管理的计算机称为________。

A. 服务器　　B. 主机　　C. 工作站　　D. 终端

5. 在 ISO/OSI 参考模型中，最顶层是应用层，最底层是________。

A. 网络层　　B. 物理层　　C. 数据链路层　　D. 传输层

6. TCP/IP 是 Internet 中计算机之间通信所必须共同遵循的一种________。

A. 信息资源　　B. 通信规定　　C. 软件　　D. 硬件

7. 小明有几张计算机设备的实物照片。这些照片中，不属于网络设备的是________。

A. 　　B. 　　C. 　　D.

8. Modem（调制解调器）的作用是________。

A. 实现计算机的远程联网　　B. 在计算机之间传送二进制信号

C. 实现数字信号与模拟信号的转换　　D. 提高计算机之间的通信速度

9. 某学校 1 号教学楼内，相邻的网络节点间的距离都小于 100 m，恰当的网络传输介质应该是________。

A. 双绞线　　B. 微波　　C. 光缆　　D. 同轴电缆

10. 下面接入方式中哪种传输速率最快________。

A.FTTH（光纤到户）　　B.ADSL（非对称数字用户线路）

C. 电话拨号　　D.ISDN（综合业务数字网）

11. 小明和他的父母因为工作、学习的需要都配备了笔记本计算机（带有无线网卡），而且他们经常要在家上网，正确的做法是________。

A. 给这两台计算机分别申请 ISP 提供的无线上网服务

B. 申请 ISP 提供的有线上网服务，通过自备的一个无线路由器实现无线上网

C. 家里可能的地方都预设双绞线上网端口

D. 设一个房间专门用来上网

12. 一般来说，用户上网要通过因特网服务提供商，其英文缩写为________。

A. IDC　　B. ICP　　C. ASP　　D. ISP

13. IPv4 的子网掩码是一个________位的模式，它的作用是识别子网和判别主机属于哪一个网络。

A. 16　　B. 32　　C. 24　　D. 64

14. 小明的计算机无法访问因特网，经检查后发现是 TCP/IP 属性设置错误，如下图所示。改正的方法是________。

◉ 使用下面的 IP 地址(S)：

IP 地址(I)：255 . 255 . 255 . 0

子网掩码(U)：192 . 168 . 10 . 8

默认网关(D)：192 . 168 . 10 . 1

A. IP 地址改为 192.168.10.1，默认网关改为 255.255.255.0，其他不变

B. IP 地址改为 192.168.10.8，默认网关改为 255.255.255.0，其他不变

C. 子网掩码改为 192.168.10.1，默认网关改为 192.168.10.8，其他不变

D. IP 地址改为 192.168.10.8，子网掩码改为 255.255.255.0，其他不变

15. Internet 使用 TCP/IP 实现了全球范围的计算机网络互联，连接在 Internet 上的每一台主机都有一个 IP 地址。下列选项中，不能作为 IP 地址的是________。

A. 201.109.39.68　　B. 120.34.0.18

C. 21.18.33.48　　D. 127.0.257.1

16. 一个 IP 地址包含网络地址与________。

A. 广播地址　　B. 多址地址

C. 主机地址　　D. 子网掩码

17. 以下对 IP 地址分配中描述不正确的是________。

A. 网络 ID 不能全为 1 或全为 0

B. 同一网络上每台主机必须有不同的网络 ID

C. 网络 ID 不能以 127 开头

D. 同一网络上每台主机必须分配唯一的主机 ID

18. 在国际通用的域名规则中，通常代表教育网的域名是________。

A. .edu　　B. .com　　C. .org　　D. .gov

19. 域名系统的域名用来标识________。

A. 不同的地域　　B. Internet 特定的主机

C. 不同风格的网站　　D. 盈利与非盈利网站

20. 域名系统 DNS 的主要作用是________。

A. 存放主机域名　　B. 存放 IP 地址

C. 存放邮件的地址表　　D. 实现域名和 IP 地址的相互映射

21. 下面关于域名的说法正确的是________。

A. 域名专指一个服务器的名字

B. 域名就是网址

C. 域名可以自己任意取

D. 域名系统按地理域或机构域分层采用层次结构

22. 到银行去取款，计算机要求输入密码，这属于网络安全技术中的________。

A. 身份认证技术　　B. 加密传输技术　　C. 防火墙技术　　D. 防病毒技术

23. 下面哪一个不是中国四大骨干网________。

A. 中国科技网　　B. 中国公用计算机互联网

C. 中国教育和科研计算机网　　D. 中国金桥信息网

E. 中国企业信息网

24. 下列度量单位中，用来度量计算机网络数据传输速率（比特率）的是________。

A. MB/s　　B. MIPS　　C. GHz　　D. Mbps

25. 下列各项中，不能作为域名的是________。

A. WWW.cernet.edu.cn　　B. news.baidu.com

C. ftp.pku.edu.cn　　D. WWW,cba.gov.cn

26. TCP/IP 组织信息传输的方式是一种四层的协议方式，FTP 属于 TCP/IP 的________。

A. 应用层　　B. 传输层　　C. 网络层　　D. 网络接口层

27. HTTP 是________。

A. 统一资源定位器　　B. 超文本传输协议

C. 传输控制协议　　D. 邮件传输协议

28. 关于 DNS，不正确的是________?

A. 域名系统是一个层次式结构

B.DNS 能够将域名转换为 IP 地址

C. 域名系统完成物理地址和 IP 地址的转换

D. 域名的管理、注册等由专门机构负责，如 IAAAC.CNNIC 等

29. 关于“电子邮件”可以帮助我们完成哪些事情，下列说法正确的是________。

A. 两个不同地点的人通过计算机进行电子信件传输

B. 两个不同地点的人可以通过计算机实时地进行电子信件传输

C. 一个地点的人可以浏览并获取其他人建立的文件库 / 资源库

D. 一个地点的人可以登录到位于其他地点的人的计算机上进行操控

30. 关于“电子邮件”可以实现的功能，下列说法准确的是________。

A. 两个不同地点的人通过计算机进行电子信件传输，即一个人的信件传输给另一个人

B. 两个不同地点的人通过计算机进行照片传输，即一个人的照片传输给另一个人

C. 两个不同地点的人通过计算机进行文件传输，即一个人的文件传输给另一个人

D. 上述都正确

31. 关于“电子邮件”，下列说法不正确的是________。

A. 一个人若要收发电子邮件，则他必须在某一个能和 Internet 相连接并且始终不关机的服务器（被称为 email 服务器）上建立一个电子信箱，电子邮件本质上是存储于 email 服务器上的文件

B. email 服务器是 Internet 服务提供商所拥有并为广大客户提供电子邮件服务的计算机系统

C. 一个人若要建立电子信箱，则他可以向 Internet 服务提供商（或其提供的系统）申请，注册并建立一个账户，一个账户对应一个电子信箱

D. 发送电子邮件时，必须要知道收件人的邮政编码

32. 关于“搜索引擎”，下列说法不正确的是________。

A. 当不能准确知道信息来源（网址）时，可以使用通用的搜索引擎，如 Google 和 Baidu

B. 当准确知道信息来源（网址）时，可以在浏览器中直接输入该网址，访问该网页

C. 当希望获取更为专业的信息时，可以使用专用的搜索引擎或搜索平台，如专门检索文献的平台中国知网和万方数据库等

D. 除以上方式外，还有其他方式获取信息，如通过博客、微博、即时消息、微信等

E. 以上说法有不正确的

33. 关于局域网和广域网，下列说法不正确的是________。

A. 因需要建设高速传输媒介，所以局域网通常局限在几千米范围之内

B. 公共通信线路铺设到哪里，广域网就可以覆盖到哪里

C. 互联网可以将局域网和广域网连接在一起

D. 国际互联网是由广域网连接的局域网的最大集合

E. 以上说法有不正确的

34. 在 Internet 域名体系中，域的下面可以划分子域，各级域名用圆点分开，按照 ________。

A. 从左到右越来越小的方式分 4 层排列　　B. 从左到右越来越小的方式分多层排列

C. 从右到左越来越小的方式分 4 层排列　　D. 从右到左越来越小的方式分多层排列

35. 局域网、广域网、互联网和因特网是一种网络分类方法。这种分类存在以下几种情况：①各种计算机及外部设备借助公共通信线路（如电信电话设施）连接起来形成的网络，②通过专用设备将若干个网络连接起来形成的网络，③各种计算机及外部设备通过高速传输媒介直接连接起来的网络，④由各个网络连接形成的国际上最大的网络。下列说法正确的是________。

A. ①被称为局域网，②被称为广域网，③被称为互联网，④被称为因特网

B. ①被称为广域网，②被称为因特网，③被称为局域网，④被称为互联网

C. ①被称为广域网，②被称为互联网，③被称为局域网，④被称为因特网

D. ①被称为局域网，②被称为互联网，③被称为广域网，④被称为因特网

36. 关于衡量网络性能的指标，下列说法不正确的是________。

A. 带宽，通常是指单位时间内网络能够传输的最大二进制位数，它是衡量网络最高传输速率或网络传输容量、网络传输能力的一个指标

B. 时延，通常是指一个数据分组（可以是数据包、数据报或数据帧）的网络传输时间，它是衡量网络传输时间和响应时间的一个指标

C. 误码率，通常是指数据传输中的误码占传输的总码数的百分比，有时也指误码在传输过程中出现的频率，它是衡量规定时间内数据传输正确性或可靠性的一个指标

D. 除以上网络性能指标外，还有许多其他的性能指标，但上述的带宽和吞吐量应是相同的概念

37. UDP 提供面向 ________的传输服务。

A. 端口　　B. 地址　　C. 连接　　D. 无连接

38. 以下不是因特网提供的常用服务的是________。

A. 电子邮件　　B. 购物平台　　C. 文件传输　　D. 搜索引擎

39. 为了防御网络监听，最常用的方法是________。

A. 信息加密　　B. 无线网

C. 采用非网络的物理方法　　D. 使用专线传输

40. 用户收到一封可疑电子邮件，要求用户提供银行账户及密码，这属于________。

A. 缓存溢出攻击　　B. 钓鱼攻击　　C. 暗门攻击　　D. DDOS 攻击

二、多选题

1. 计算机网络从逻辑功能上分为________。

A. 通信子网　B. 局域网　C. 资源子网　D. 对等网络

2. 局域网的基本特征是________。

A. 有效范围较小　B. 传输速率较快　C. 设备直接接入网中　D. 通过电话连接

3. TCP/IP 族中定义的层次结构中包含________。

A. 网络层　B. 应用层　C. 传输层　D. 物理层

4. 计算机网络中主要的拓扑结构有________。

A. 星形结构　B. 总线结构　C. 环形结构　D. 树形结构

E. 网状结构　F. 混合结构

5. 网络知识产权侵权方式有________。

A. 复制　B. 修改　C. 偷取数据　D. 假冒注册商标

6. 计算机病毒的传播途径包括________。

A. 移动存储设备传播，如 U 盘、光盘

B. 通过网络传播，可以借助系统漏洞、浏览器、办公软件漏洞

C. 通过网页方式传播，在被访问的网页中植入病毒或恶意代码，客户访问这种页面就会中毒

D. 通过电子邮件或 FTP 传播

7. 现实生活中，我们经常说的 2G 网络、3G 网络、4G 网络和 5G 网络属于________网络。

A. 局域网　B. 无线网　C. 广域网　D. 城域网

8. 计算机网络能实现那些作用？________

A. 资源共享　B. 信息传输与集中管理

C. 均衡负荷与分布处理　D. 综合信息分布和远程事务管理

9. 完成电子邮件传送的协议是________。

A. SMTP　B. PPP　C. SLIP　D. POP3

10. 局域网的无线传输介质主要有________。

A. 微波　B. 红外线　C. 大气　D. 激光

三、填空题

1. 计算机网络中常用的三种有线传输媒体分别是双绞线、________和光纤。

2. 通常用来代表政府部门域名的后缀是________。

3. ________是近年来兴起的一种新型网络攻击手段，黑客通过网站、电子邮件、即时通信或传真等方式，尝试窃取用户个人身份信息。

4. 防火墙指的是一个由________和硬件组合而成，在网络边界进行安全防护的设备。主要进行包的过滤和按规则进行包的转发。

5. 某公司需要将一个 C 类 IP 划分 4 个子网，子网号的划分以满足最低需求为标准。可以从主机地址中划分出________位作为网络地址。

6. 网卡地址，也称物理地址，由________字节构成。

7. 查看计算机基本 TCP/IP 网络配置的命令是________。(仅写命令，不加参数)

8. 如果一个计算机的子网掩码是 255.255.255.0，那么其所在的网络________(填有或没有）进

行子网划分。

9. 如果一个计算机的子网掩码是255.255.192.0，那么该网络最多可以分成________个子网。（答案中去除（即不考虑）全0和全1的子网号）

10. IP地址20.12.123.45的网络类别是A类，主机号是______________。

四、判断题

1. 目前使用的广域网整体布局基本都采用星形拓扑结构。(　　)
2. 网络域名地址便于用户记忆，通俗易懂，可以采用英文也可以用中文名称命名。(　　)
3. 网络中机器的标准名称包括域名和主机名，采取多段表示方法，各段间用圆点分开。(　　)
4. 密码破解是黑客常用的攻击手段之一。(　　)
5. 拒绝服务又叫分布式D.O.S攻击，它是使用超出被攻击目标处理能力的大量数据包消耗系统的可用系统和带宽资源，最后导致网络服务瘫痪的一种攻击手段。(　　)
6. 划分子网后的子网掩码和未划分子网前的子网掩码相同。(　　)
7. A类IP地址以1开头。(　　)
8. C类IP地址的默认子网掩码是255.255.0.0。(　　)
9. 两台计算机同时访问网络介质导致冲突发生，然后都撤销发送，大家分别等待随机的时间再发送，这种介质访问方法叫CSMA/CD。(　　)
10. 网络上每台计算机的计算机名称必须是唯一的。(　　)

第 6 章　数据库技术基础

一、单选题

1. 以下________不是数据库的特点。
   A. 有结构　B. 可共享　C. 数据长期保存　D. 文件结构
2. 在数据库基本概念中，DBS 是指________。
   A. 数据库管理系统　B. 数据库系统　C. 数据库　D. 数据库管理员
3. 以下说法正确的是________。
   A. DBMS 包括 DB 和 DBS　B. DBS 包括 DB 和 DBMS
   C. DB 包括 DBS 和 DBMS　D. DBS 就是 DB，也就是 DBMS
4. ________是位于用户与操作系统之间的一层数据管理软件。
   A. DB　B. DBS　C. DBMS　D. DBA
5. 数据库的建立、使用和维护只靠 DBMS 是不够的，还需要有专门的人员来完成，这些人员称为________。
   A. 高级用户　B. 数据库管理员　C. 数据库用户　D. 数据库设计员
6. 在数据库中存储的是数据以及________。
   A. 数据之间的联系　B. 程序　C. 信息　D. 表格
7. 设每一个班级只能有一个辅导员，而一个辅导员可以管理若干个班级，则实体“辅导员”与实体“班级”之间的联系是________。
   A. 一对一　B. 一对多　C. 多对多　D. 任意的
8. 在关系模型中，现实世界中的实体以及实体之间的各种联系均以________的形式来表示。
   A. 实体　B. 属性　C. 元组　D. 关系
9. 在一个关系中，不能有相同的________。
   A. 数据项　B. 属性　C. 分量　D. 域
10. 数据库管理系统能实现对数据库数据的添加、修改和删除等操作，这种功能称为________。
    A. 数据定义功能　B. 数据管理功能　C. 数据操纵功能　D. 数据控制功能
11. 以下操作中能够实现实体完整性的是________。
    A. 设置唯一键　B. 设置外键　C. 减少数据冗余　D. 设置主键
12. MySQL 是一种________数据库管理系统。
    A. 发散型　B. 集中型　C. 关系型　D. 逻辑型
13. 表中的一列叫作________。
    A. 二维表　B. 关系模式　C. 记录　D. 字段
14. 如果在创建表中建立字段“学号”，其数据类型应当为________。
    A. 文本类型　B. 货币类型　C. 日期类型　D. 自动编号类型
15. 依次自动加 1 的数据类型是________。
    A. 文本类型　B. 整数类型　C. 是 / 否类型　D. 自动编号类型

16. 如果在创建表中建立需要进行算术运算的字段，其数据类型应当为________。
A. 数字类型　B. 文本类型　C. 是 / 否类型　D. OLE 类型
17. 关系模型中的关系模式至少是________。
A. 1NF　B. 2NF　C. 3NF　D. BCNF
18. 在 SELECT 语句中，使用关键字________可以把重复的行屏蔽。
A. TOP　B. ALL　C. UNION　D. DISTINCT
19. DELETE FROM employee 语句的作用是________。
A. 删除当前数据库中整个 employee 表，包括表结构
B. 删除当前数据库中 employee 表内的所有行
C. 由于没有 where 子句，因此不删除任何数据
D. 删除当前数据库中 employee 表内的当前行
20. SQL 语句中的关键字________。
A. 必须是大写的字母　B. 必须是小写的字母
C. 大小写字母均可　D. 大小写字母不能混合使用
21. 在关系数据库系统中，为了简化用户的查询操作，而又不增加数据的存储空间，常用的方法是创建________。
A. 另一个表　B. 视图　C. 索引　D. 模式
22. 查询图书表中所有库存小于 100 的图书信息，正确的语句是________。
A. SELECT * FROM 图书 WHILE 库存 <100
B. SELECT * FROM 图书 WHERE 库存 <100
C. SELECT * FROM 图书 FOR 库存 <100
D. SELECT WHERE 库存 <100 FROM 图书
23. 设图书表中含有字段：书号、书名、单价、库存，以下可以求图书总库存的语句是________。
A. SELECT SUM（图书）FROM 库存　B. SELECT AVG（库存）FROM 图书
C. SELECT COUNT（库存）FROM 图书　D. SELECT SUM（库存）FROM 图书
24. 内置函数 AVG（字段名）的作用是求同一组中指定字段所有值的________。
A. 和　B. 平均值　C. 最小值　D. 个数
25. SQL 实现分组查询的子句是________。
A. ORDER BY　B. GROUP BY　C. HAVING　D. ASC
26. ________语句用于向表中插入新的记录。
A. GET　B. INSERT　C. APPEND　D.PUT
27. 使用 UPDATE 语句修改表中的数据时，如果不指定 WHERE 条件，则________。
A. 更新所有记录　B. 只更新当前记录
C. 更新 0 条记录　D. 无法执行
28. 语句“UPDATE 工资 SET 奖金 =1000 WHERE 职工号 ="001"”，指定的表名称为________。
A. 奖金　B. 工资　C. 职工号　D. 001
29. 已经 R 关系中有两条记录，一条是（101，张三，男，18，计算机），另一条是（102，李四，男，19，自动化）。S 关系中也有两条记录，一条是（101，张三，男，18，计算机），另一条是（103，王五，男，20，土木工程）。问 $R \cap S$ 后，有几条记录？________。
A. 1　B. 2　C. 3　D. 4

30. SQL 实现对查询结果排序的子句是________。

A. ASC　　B. GROUP BY　　C. DESC　　D. ORDER BY

二、多选题

1. 创建关系的过程中，需要勾选约束________。

A. 实施参照完整性（E）　　B. 级联更新相关字段（U）

C. 级联增加相关字段（A）　　D. 级联删除相关字段（D）

2. 关于主键下面说法正确的是________。

A. 可以是表中的一个字段

B. 是确定数据库中的表的记录的唯一标识字段

C. 该字段不可为空也不可重复

D. 可以由表中的多个字段组成的

3. MySQL 支持的逻辑运算符有________。

A. &&　　B. ||　　C. NOT　　D.AND

4. 在下面关于关系的描述中正确的是________。

A. 行在表中的顺序无关紧要　　B. 表中任意两行的值不能相同

C. 列在表中的顺序无关紧要　　D. 表中任意两列的值不能相同

5. 下面________是 MySQL 数据类型。

A. BIGINT　　B. TINYINT　　C. INTEGER　　D. INT

6. 在 MySQL 中，使用 show databases like "student%"，可以显示出哪些数据库？________。

A. student_my　　B. student　　C. mystudent　　D. student

7. 保护数据库的手段有哪几种？________。

A. 设置数据库为只读　　B. 设置数据库密码

C. 使用用户级安全机制保护数据库对象　　D. 加密数据库

8. 关系数据模型有哪些优点？________。

A. 结构简单　　B. 有标准语言　　C. 适用于集合操作　　D. 可表示复杂的语义

9. 下列关于关键字和索引的描述，正确的是________。

A. 关键字是为了区别数据唯一性的字段

B. 关键字就是一个索引

C. 关键字所在字段的内容必须是唯一的

D. 索引所在字段的内容必须是唯一的

10. 当要给一个表建立主键，但有没有符合条件的字段时，以下哪种方法建立主键是妥善的？________。

A. 建立一个“自动编号”主键　　B. 删除不唯一的记录后建立主键

C. 建立多字段主键　　D. 建立一个随意的主键

三、填空题

1. 对现实世界进行第一层抽象的模型，称为________模型，这种模型按用户的观点对数据和信息进行建模，独立于具体的机器和 DBMS。

2. 对现实世界进行第二层抽象的模型，称为________模型。这种模型与所使用的具体机器和 DBMS 相关。
3. 在信息世界中，用________来表示实体的特征。
4. 在 E-R 图中，实体用________表示，属性用________表示。
5. 数据库发展史中的三种重要数据模型是层次模型、网状模型和________。
6. 如果在一个关系中，存在多个属性（或属性组合）都能用来唯一标识该关系的元组，这些属性（或属性组合）都称为该关系的________。
7. ________完整性是保证表中记录唯一的特性，通常通过定义主关键字来实现。
8. ________完整性是指对字段的约束条件，通过对字段数据类型及有效取值的定义实现。
9. 对关系的操作中，传统的集合运算包括差、并、交和________。
10. SQL 使用________命令创建基本表。

四、判断题

1. 关系运算中，选择运算是针对行的，投影运算是针对列的。(　　)
2. 从计算机数据管理的角度看，信息就是数据，数据就是信息。(　　)
3. 数据库的数据项之间无联系，记录之间存在联系。(　　)
4. 文件系统的缺点是数据不能长期存储。(　　)
5. 若要查询成绩为 60 ～ 80 分（包括 60 和 80）的学生信息，查询条件设置正确的是 >=60 OR <=80。(　　)
6. 函数依赖是多值依赖的一个特例。(　　)
7. 关系模型是将数据之间的关系看成网络关系。(　　)
8. 一个数据表组成一个关系数据库，多种不同的数据则需要创建多个数据库。(　　)
9. 空值 NULL 是不知道的、不确定或无法填入的值。(　　)
10. SQL 中的 SELECT 实现的是投影操作。(　　)

第7章　逻辑思维与逻辑推理

一、单选题

1. 一个判断若为命题，必须满足两个条件，一个是该判断的真值必须唯一，另一个是该判断必须是________。

A. 疑问句　　B. 感叹句　　C. 陈述句　　D. 祈使句

2. 能表示“当两个条件中有任一个条件满足，运算结果就为真”的逻辑运算符是________。

A. XOR　　B. AND　　C. OR　　D. NOT

3. 逻辑运算符优先级最高的是________。

A. XOR　　B. AND　　C. OR　　D. NOT

4. 以下是命题的语句是________。

A. 地球是平的　　B. $X>0$　　C. 请进　　D. $a+b$

5. 设 P：这批货物走水路运输。命题“这批货物不走水路运输”的符号化表示为________。

A. P　　B. $P \wedge \neg P$　　C. $\neg P$　　D. 都不对

6. 设 P：王丽英语听力好，Q：王丽英语口语好。命题“王丽英语听力和口语都很好”的符号化表示为________。

A. P and Q　　B. $P \vee Q$　　C. $P \rightarrow Q$　　D. $P \wedge Q$

7. 设 P：他学习，Q：他聊天。命题“他一边学习，一边聊天”的符号化表示为________。

A. $P \wedge Q$　　B. $P+Q$　　C. $P \vee Q$　　D. P or Q

8. 设 P：她喜欢看这个电影，Q：她有时间来看电影。命题“她不喜欢看或没时间来看这个电影”的符号化表示为________。

A. $P \wedge Q$　　B. $(P \wedge \neg Q) \vee (\neg P \wedge Q)$

C. P or Q　　D. $\neg P \vee \neg Q$

9. 设 P：小李在天安门，Q：小李在故宫。命题“小李在天安门或故宫”的符号化表示为________。

A. $P \wedge Q$　　B. $(P \wedge \neg Q) \vee (\neg P \wedge Q)$

C. $P \vee Q$　　D. P or Q

10. 设 P：$3+3=6$，Q：雪是黑的。命题“若 $3+3=6$，则雪是黑色的”的符号化表示为________。

A. $P \wedge Q$　　B. $P \leftrightarrow Q$　　C. $P \rightarrow Q$　　D. $P \vee Q$

11. 设 P：下雪，Q：他迟到了。命题“如果不下雪，那么他就不会迟到了”的符号化表示为________。

A. $\neg P \vee \neg Q$　　B. $P \rightarrow Q$　　C. $\neg P \leftrightarrow \neg Q$　　D. $\neg P \rightarrow \neg Q$

12. 设 P：上体育课，Q：小孙跑步。命题“除非上体育课，小孙才跑步”的符号化表示为________。

A. $P \leftrightarrow Q$　　B. $Q \rightarrow P$　　C. $P \rightarrow Q$　　D. $\neg P \vee \neg Q$

13. 设 P：我将去市里，Q：我有时间。命题“我将去市里，仅当我有时间时”的符号化表示为________。

A. $Q \to P$ B. $P \leftrightarrow Q$ C. $P \to Q$ D. $\neg P \lor \neg Q$

14. 设 P：二月有 29 天，Q：今年是闰年。命题“二月有 29 天，当且仅当今年是闰年时”的符号化表示为________。

A. $Q \to P$ B. $P \leftrightarrow Q$ C. $P \to Q$ D. $\neg P \lor \neg Q$

15. 设 P：高速公路封闭，Q：起雾。命题“如果高速公路没有封闭，则一定没雾”的符号化表示为________。

A. $\neg Q \to \neg P$ B. $P \to Q$ C. $\neg P \to \neg Q$ D. $Q \to P$

16. 设 P：高速公路封闭，Q：起雾。命题“除非起雾，否则高速公路不会封闭”的符号化为________。

A. $\neg P \to Q$ B. $Q \to P$ C. $P \to Q$ D. $\neg Q \to P$

17. 设 P：高速公路封闭，Q：起雾。命题“除非高速公路封闭，否则不会有雾”的符号化为________。

A. $P \to Q$ B. $\neg P \to \neg Q$ C. $\neg P \to Q$ D. $\neg Q \to P$

18. 设 P：两圆面积相等，Q：两圆半径相等。命题“两圆的面积相等当且仅当它们的半径相等”的符号化为________。

A. $P \to Q$ B. $P \lor Q$ C. $P \leftrightarrow Q$ D. $Q \to P$

19. 以下陈述，________是悖论。

A. 他在说谎 B. 我在说谎 C. 2+2=6 D. 雪是黑的

20. 以下关于计算机故障的陈述中，只有一个是对的，那么________是真实的判断。

A. 显卡坏了 B. 主板坏了那么内存也一定出现了故障

C. 主板或显卡坏了 D. 主板坏了

二、多选题

1. 能够判断真假的陈述句叫作命题，正确的命题叫作________，错误的命题叫作________。

A. 原子命题 B. 真命题 C. 逆命题 D. 假命题

2. 根据命题的定义，命题判断的条件不能有________。

A. 陈述句 B. 疑问句 C. 悖论 D. 值唯一

3. 下面是命题的有________。

A. 中国是一个人口众多的国家 B. 存在最大的质数

C. 这座楼可真高啊！ D. 火星上也有人

4. 下面命题值唯一，且值未知的是________。

A. 中国是一个人口众多的国家 B. 存在最大的质数

C. 公元 986 年春节是晴天 D. 十年后的今天下雨

5. 下列是复合命题的有________。

A. 今天是星期二

B. 如果今天是星期二，那么明天就是星期三

C. 下午有课

D. 虽然上午有课，但是下午还是有课

6. 下面是真命题的是________。

A. 2 要么素数要么合数　　B. 如果 2+2=6，则 5 是奇数

C. 15 是素数　　D. 圆的面积等于半径的平方与 π 的乘积

7. 下面命题是相异或的有________。

A. 老张要么是山东人，要么是山西人

B. 灯泡不亮，要么是开关问题，要么是灯泡问题

C. 小王要么是台球冠军，要么是游泳冠军

D. 此时，小李要么在天安门，要么在前门

8.“他是演员或者导演”这句话有可能会推出的结论是________。

A. 他是导演，不是演员　　B. 他是演员不是导演

C. 他既不是演员也不是导演　　D. 他既是演员，又是导演

9. 下列公式等价的是________。

A. $\neg\neg P$ 和 P 等价　　B. $\neg P \wedge \neg Q$ 和 $P \vee Q$ 等价

C. $P \to Q$ 和 $\neg P \vee Q$ 等价　　D. $A \to (A \to B)$ 和 $\neg A \to (A \to B)$ 等价

10. 下面推理正确的是________。

A. 如果今天是 1 号，则明天是 5 号。今天是 1 号，所以明天是 5 号

B. 如果今天是 1 号，则明天是 5 号。明天是 5 号，所以今天是 1 号

C. 如果今天是 1 号，则明天是 5 号。明天不是 5 号，所以今天不是 1 号

D. 如果今天是 1 号，则明天是 5 号。今天不是 1 号，所以明天不是 5 号

三、填空题

1. 设 P：我们去 KTV，Q：我们去春游，那么命题“我们既不去 KTV 也不去春游”的符号化表示为________。

2. 设 P 命题为假，Q 命题为假，R 命题为假，则复合命题 $(\neg P \vee Q \to R) \leftrightarrow ((\neg P \vee \neg Q) \to R)$ 的真值是________。（请填写 1 或者 0）

3. 设 P：5 能被 2 整除，Q：一周有 8 天，R：8>=4+4，则复合命题 $\neg Q \to (\neg P \leftrightarrow Q \vee \neg R)$ 的真值是________。（请填写 1 或者 0）

4. 设 p 和 r 为真命题，q 和 s 为假命题，则复合命题 $(p \to q) \leftrightarrow (\neg r \to s)$ 的真值为________。

5. 蕴含连接词的前件命题为假，后件命题为真，则该复合命题的值为________。（请填写 1 或者 0）

6. 能够判断真假的________句称作命题。

7. P：你努力，Q：你失败。“虽然你努力了，但还是失败了”的命题符号化为________。

8. P：你努力，Q：你失败。“如果你努力了，你就不会失败”的命题符号化为：________。

9. 命题公式 $(p \wedge (p \to q)) \to q$ 是一个________式。（填入“永真”或“永假”）

10. 命题公式 $\neg (p \to q) \wedge q$ 是一个________式。（填入“永真”或“永假”）

四、判断题

1.“明天的大会是否按时举行？”这句话是命题。（　　）

2. $x+y=1$ 是命题。（　　）

3.“火星上有生物”这句话是命题。(　　)

4. 命题“如果 1+2=3，那么雪是黑的”是真命题。(　　)

5. 若 A：张明和李红都是三好学生，则 $\neg A$：张明和李红都不是三好学生。(　　)

6. 若 A：张明和李红都是三好学生，则 $\neg A$：张明和李红不都是三好学生。(　　)

7. 五个基本联结词的运算顺序是：$\neg$，$\wedge$，$\vee$，$\leftrightarrow$，$\rightarrow$。(　　)

8. 设 p 为真命题，q 为假命题，则复合命题 $(p\rightarrow r)\wedge\neg q$ 的值为 0。(　　)

9. 设 p 为真命题，q 为假命题，则命题 $(p\wedge(p\rightarrow q))\rightarrow q$ 的值为 1。(　　)

10. 设 p 为假命题，q 和 r 为真命题，则复合命题 $(p\rightarrow r)\leftrightarrow(\neg q\rightarrow r)$ 的值为 0。(　　)

五、逻辑推理题

1. 罪犯推断

某案件有四名嫌疑犯，调查后确认：

结论 1：A 不是罪犯。

结论 2：如果 C 是罪犯，那么 B 就一定是罪犯。

结论 3：如果 C 不是罪犯，那么 D 就是罪犯。

结论 4：要么 A 是罪犯，要么 B 不是罪犯。

若以上结论全部正确，且只有一人是罪犯，请回答下列问题：

(1) 将上面的四个结论命题符号化。

(2) 画出真值表。

(3) 根据真值表判断谁是嫌疑犯。

【提示】设 A：A 是罪犯，B：B 是罪犯，C：C 是罪犯，D：D 是罪犯。

真值表如下。

只有一人是罪犯				结论 1	结论 2	结论 3	结论 4
A	B	C	D				
0	0	0	1				
0	0	1	0				
0	1	0	0				
1	0	0	0				

2. 将军射箭

古代一位国王率领张、王、李、赵、钱五位将军一起打猎，每位将军的箭上均刻有自己的姓氏。围猎中，一只鹿中箭倒下，但却不知是何人所射。国王令众将军猜测。

张说：“要么是我射中的，要么是李将军射中的。”

王说：“不是钱将军射中的。”

李说：“如果不是赵将军射中的，那么一定是王将军射中的。”

赵说：“既不是我射中的，也不是王将军射中的。”

钱说：“既不是李将军射中的，也不是张将军射中的。”

国王令人把射中鹿的箭拿来，看了看，说：“你们五位将军中有一人射中，你们的猜测，只有两个人的话是真的。”根据国王的话，判定是哪个将军射中此鹿。完成下列问题：

(1) 将上面五位将军的猜测命题符号化。

（2）画出真值表。

（3）根据真值表判断是哪个将军射中此鹿。

【提示】设P：张将军射中，Q：王将军射中，R：李将军射中，S：赵将军射中，T：钱将军射中

真值表如下。

只有一人射中					张猜测	王猜测	李猜测	赵猜测	钱猜测
P	Q	R	S	T					
0	0	0	0	1					
0	0	0	1	0					
0	0	1	0	0					
0	1	0	0	0					
1	0	0	0	0					

3. 刑侦调查

某公安局的刑侦员甲、乙、丙、丁通过广泛的调查取证，对某案的嫌疑犯李、赵进行了如下断言。

甲："我认为赵不是凶犯。"

乙："要么李是凶犯，要么赵是凶犯。"

丙："如果李是凶犯，则赵不是凶犯。"

丁："我看李和赵都是凶犯。"

事后证明，这四位刑侦员的断言只有一句是假的。根据以上情况，判断谁是凶手。完成下列问题：

（1）将上面的四个命题符号化。

（2）画出真值表。

（3）根据真值表判断谁是凶手。

【提示】设P：赵是凶手，Q：李是凶手。

真值表如下。

凶手		甲	乙	丙	丁
P	Q				
0	0				
0	1				
1	0				
1	1				

4. 值班问题

下列四句结论中只有一句是真的，问：小王、小李、小林是否去值班？

结论1：要么小王不去值班，要么小李不去值班。

结论2：如果小王不去值班，那么小李也不去值班。

结论3：小林去值班，小李也去值班。

结论4：小王不去值班。

完成下列问题：

（1）将上面的四个结论命题符号化。

（2）画出真值表。

（3）根据真值表判断三人中有谁去值班。

【提示】设 P：小王去值班，Q：小李去值班，R：小林去值班。

真值表如下。

值班情况			结论 1	结论 2	结论 3	结论 4
P	Q	R				
0	0	0				
0	0	1				
0	1	0				
0	1	1				
1	0	0				
1	0	1				
1	1	0				
1	1	1				

5. 派遣方案

已知：陈一、黄二、张三、李四 4 人有且仅有 2 人参加围棋比赛，需要满足下面四个条件。

条件 1：陈一、黄二仅一人参加。

条件 2：若张三参加，则李四也参加。

条件 3：黄二和李四不能同时参加。

条件 4：若李四不参加，则陈一也不参加。

问：可以选派哪两人参赛？完成下列问题：

（1）将上面的命题符号化。

（2）画出真值表。

（3）根据真值表判断哪两人去参加比赛。

【提示】设 P：陈一参加，Q：黄二参加，R：张三参加，S：李四参加。

真值表如下。

派遣方案				条件 1	条件 2	条件 3	条件 4
P	Q	R	S				
0	0	1	1				
0	1	0	1				
1	0	0	1				
0	1	1	0				
1	0	1	0				
1	1	0	0				

6. 马特斯杯

马特斯杯 2010 年中国机器人大赛正在进行，参赛的队伍分别是清华大学队、浙江大学队、中国科技大学队。有三位教授对比赛冠军进行了如下的预测。

赵教授说：“冠军不是清华大学队，也不是浙江大学队。”

钱教授说：“冠军不是清华大学队，而是中国科技大学队。”

孙教授说："冠军不是中国科技大学队，而是清华大学队。"

比赛结果表明，他们之中一个人的两个判断都对，一个人的判断一对一错，另外一个人的判断全错了。请问冠军到底是谁？完成下列问题：

（1）将上面三个教授的预测进行命题符号化。

（2）画出真值表。

（3）根据真值表判断冠军到底是谁，哪个教授都判断正确，哪个教授判断一对一错，哪个教授两个判断都错误。

【提示】设 P：冠军是清华大学队，Q：冠军队是浙江大学队，R：冠军队是中国科技大学队。

真值表如下。

马特斯杯			赵教授预测	钱教授预测	孙教授预测
P	Q	R			
0	0	1			
0	1	0			
1	0	0			

7. 辩论选拔

从 A、B、C、D、E、F 六人中选拔三人组成辩论赛队，已知选拔需要满足如下条件。

条件 1：A 和 C 两人中至少要选拔一人。

条件 2：B 和 E 两人中至少要选拔一人。

条件 3：C 和 E 两人中的每一个人都不能与 B 同时入选。

根据以上条件，如果 E 没有被选上，则有哪些可能的选拔结果？完成下列问题：

（1）将上面的条件命题符号化。

（2）画出真值表。

（3）根据真值表判断各种可能的选拔结果。

【提示】设 A：选拔 A 去，B：选拔 B 去，C：选拔 C 去，D：选拔 D 去，E：选拔 E 去，F：选拔 F 去。

真值表如下。

选拔方案						条件 1	条件 2	条件 3
A	B	C	D	E	F			
0	0	1	1	0	1			
0	1	0	1	0	1			
0	1	1	0	0	1			
0	1	1	1	0	0			
1	0	0	1	0	1			
1	0	1	0	0	1			
1	0	1	1	0	0			
1	1	0	0	0	1			
1	1	0	1	0	0			
1	1	1	0	0	0			

8. 编辑排版

一位编辑正在考虑报纸理论版稿件的取舍问题。有 A、B、C、D、E、F 六篇论文可供选择，考虑到文章内容和报纸的版面等因素，需要满足以下条件：

条件 1：如果录用论文 A，那么不能录用论文 B，但要录用论文 F。

条件 2：如果录用论文 C 或论文 E，则不能录用论文 D。

条件 3：如果不录用论文 C，那么也不录用论文 F。

由于版面有限，本次出刊只能发表 4 篇文章，其他 2 篇安排到下次出版，但论文 A 是向名人约的稿件，本次出刊不能不用。请你根据上面的各种因素，判断录用哪些论文？舍弃哪些论文？完成下列问题：

（1）将上面各种条件命题符号化。

（2）画出真值表。

（3）根据真值表判断本次出刊录用哪些论文，舍弃哪些论文。

【**提示**】设 A：录用 A，B：录用 B，C：录用 C，D：录用 D，E：录用 E，F：录用 F。真值表如下。

录用方案						条件 1	条件 2	条件 3
A	B	C	D	E	F			
1	0	0	1	1	1			
1	0	1	0	1	1			
1	0	1	1	0	1			
1	0	1	1	1	0			
1	1	0	0	1	1			
1	1	0	1	0	1			
1	1	0	1	1	0			
1	1	1	0	0	1			
1	1	1	0	1	0			
1	1	1	1	0	0			

9. 侦探调查

侦探调查了四位证人，从证人的话侦探得出结论如下。

结论 1：如果男管家说的是真话，那么厨师说的也是真话。

结论 2：厨师和园丁不可能说的都是真话。

结论 3：园丁和杂役不可能都说谎。

结论 4：如果杂役说的是真话，那么厨师在说谎。

已知两个人说真话，两个人说假话。判定这四位证人谁在说真话，谁在说假话。完成下列问题：

（1）将上面的结论命题符号化。

（2）画出真值表。

（3）根据真值表判断谁在说真话，谁在说假话。

【**提示**】P：男管家说的是真话，Q：厨师说的是真话，R：园丁说的是真话，S：杂役说的是真话。

真值表如下。

证人				结论 1	结论 2	结论 3	结论 4
P	*Q*	*R*	*S*				
0	0	1	1				
0	1	0	1				
0	1	1	0				
1	0	0	1				
1	0	1	0				
1	1	0	0				

10. 电路连通

某电路中有 S、T、W、X、Y、Z 六个开关，使用这些开关必须满足下面的条件。

条件 1：如果 W 接通，则 X 也要接通。

条件 2：如果断开 T，则必须断开 S。

条件 3：T 和 X 不能同时连通，也不能同时断开。

条件 4：如果 X 和 Z 同时接通，则 W 也必须接通。

已知有四个开关连通，且 S 和 Z 已经同时接通。请你判断其他开关可能的状态。完成下列问题：

（1）将上面的条件命题符号化。

（2）画出真值表。

（3）根据真值表判断其他开关的可能的状态。

【提示】设 S：S 开关连通，T：T 开关连通，W：W 开关连通，X：X 开关连通，Y：Y 开关连通，Z：Z 开关连通。

真值表如下：

连通方案						条件 1	条件 2	条件 3	条件 4
S	*T*	*W*	*X*	*Y*	*Z*				
1	0	0	1	1	1				
1	0	1	0	1	1				
1	0	1	1	0	1				
1	1	0	0	1	1				
1	1	0	1	0	1				
1	1	1	0	0	1				

第 8 章　数据挖掘基础

一、单选题

1. 美国目前大约 20 个 NBA 球队使用了 IBM 公司开发的数据挖掘应用软件 Advanced Scout 系统来优化他们的战术组合。例如，系统分析显示魔术队的安佛尼·哈德卫和伯兰·绍在前两场中被评为 −17 分，而哈德卫与卫达利尔·阿姆斯创组合时，被评分为 +14 分。在下一场中，魔术队便增加了阿姆斯创的上场时间。这种挖掘属于数据挖掘的________问题。

   A. 分类　　B. 预测　　C. 聚类　　D. 关联规则

2. 假设 12 个销售价格数据排序后为 5，10，11，13，15，35，50，55，72，91，150，215，使用等宽分箱法将它们划分成四个箱，则 150 在________箱子里。

   A. 第一个　　B. 第二个　　C. 第三个　　D. 第四个

3. 关于一组数据的平均数、中位数、众数，下列说法中正确的是________。

   A. 平均数一定是这组数中的某个数　　B. 中位数一定是这组数中的某个数
   C. 众数一定是这组数中的某个数　　D. 以上说法都不对

4. 某小组成员们在一次测试中的成绩为 86，92，84，92，85，85，86，94，92，83，则这个小组本次测试成绩的中位数是________。

   A. 85　　B. 86　　C. 92　　D. 87.9

5. 5 名学生的体重分别是 41、53、53、51、67（单位：kg），这组数据的极差是________。

   A. 27　　B. 26　　C. 25　　D. 24

6. 假设属性 income 的最大值和最小值分别是 12 000 元和 98 000 元。利用最大最小规范化的方法将属性的值映射到 0 至 1 的范围内，则 73 600 元将被转化为________。

   A. 0.821　　B. 1.224　　C. 1.458　　D. 0.716

7. 样本数据 60，80，73，85，99，79，53，83，82 的中程数是________。

   A. 99　　B. 81　　C. 76　　D. 89

8. 以下________算法是聚类算法。

   A. ID3　　B. C4.5　　C. *K*- 均值　　D. Apriori

9. 帕累托法则又称为________。

   A. 60：40 法则　　B. 70：30 法则　　C. 80：20 法则　　D. 90：10 法则

10. 有如下数据：8，14，15，43，46，47，47，50，57，62，89，100，若按照等距分组法，组数为 4，则分组的区间为________。

    A. 8 ～ 31，32 ～ 55，56 ～ 79，80 ～ 100
    B. 8 ～ 15，43 ～ 47，47 ～ 57，62 ～ 100
    C. 8 ～ 43，46 ～ 47，50 ～ 62，89 ～ 100
    D. 8 ～ 15，43 ～ 47，50 ～ 62，89 ～ 100

二、多选题

1. 在数据挖掘过程中，需要从业务系统中抽取一个与挖掘目标相关的样本数据子集，而不是动用全部企业数据。抽取数据要遵循下面哪些标准？________。

   A. 相关性　　B. 可靠性　　C. 有效性　　D. 全部性

2. 以下________学科和数据挖掘有密切联系。

   A. 统计学　　B. 计算机硬件　　C. 矿产挖掘　　D. 数据库技术

3. 数据采集时，数据的间接渠道有________。

   A. 企业数据　　B. 统计年鉴

   C. 互联网数据　　D. 报刊杂志

   E. 广播电视

4. 下列属于有序数据的有________。

   A. 时序数据　　B. 序列数据　　C. 空间数据　　D. 事务数据

5. 对于数据挖掘中的原始数据，存在的问题有________。

   A. 不一致　　B. 重复　　C. 不完整　　D. 含噪声

   E. 维度高

6. 在现实世界的数据中，记录在某些属性上缺少值是常有的。可以处理该问题的方法有________。

   A. 忽略记录

   B. 使用属性的平均值填充空缺值

   C. 使用一个常量填充空缺值

   D. 使用最可能的值填充空缺值

7. 数据预处理方法主要有________。

   A. 数据清洗　　B. 数据集成　　C. 数据变换　　D. 数据归约

8. 数据挖掘的预测建模任务主要包括的分支有________。

   A. 分类　　B. 回归　　C. 模式发现　　D. 模式匹配

9. 通过数据挖掘过程推导出的关系和摘要经常被称为________。

   A. 模型　　B. 模式　　C. 模范　　D. 模具

10. 以下属于分类算法的是________。

   A. K- 均值　　B. 朴素贝叶斯　　C. Apriori　　D. C4.5

三、填空题

1. 设有一组数据 12，16，11，17，13，x，已知它们的中位数是 14，则 x = ________。
2. 在对数据进行分组分析时，一般情况下，组数应不低于 5 组且不高于________组。
3. 系统聚类法是在聚类分析的开始，每个样本自成________类；然后，按照某种方法度量所有样本之间的亲疏程度，并把最相似的样本首先聚成一小类；接下来，度量剩余的样本和小类间的亲疏程度，并将当前最接近的样本或小类再聚成一类；如此反复，直到所有样本聚成一类为止。
4. 按照决策树算法，判断下面几个事物的分类。其中，Travel Cost 表示旅行费用，Gender 表示性别，Car Ownership 表示车的数量。

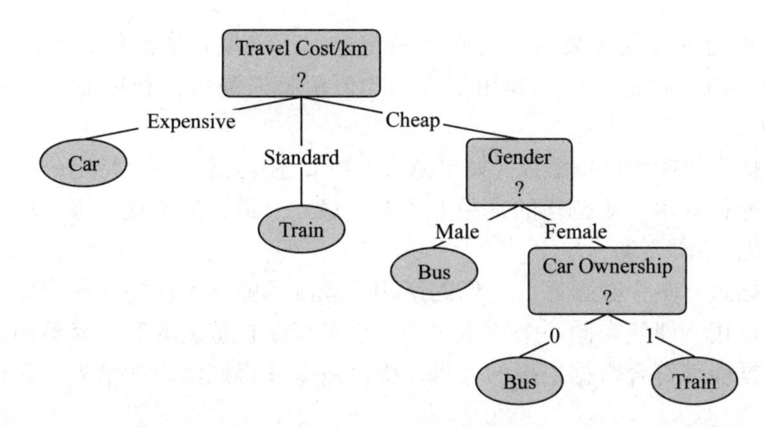

姓名	性别	车的数量	旅行费用（$)/km	收入水平	交通工具
Alex	Male	1	expensive	High	1
Buddy	Male	0	Cheap	Medium	2
Cherry	Female	1	Cheap	High	3

（1）第一条记录会采用什么交通工具？________。

（2）第二条记录会采用什么交通工具？________。

（3）第三条记录会采用什么交通工具？________。

5. 下面购物篮能够提取的 3 项集的最大数量是多少？________。

ID	购买项
1	牛奶，啤酒，尿布
2	面包，黄油，牛奶
3	牛奶，尿布，饼干
4	面包，黄油，饼干
5	啤酒，饼干，尿布
6	牛奶，尿布，面包，黄油
7	面包，黄油，尿布
8	啤酒，尿布
9	牛奶，尿布，面包，黄油
10	啤酒，饼干

四、判断题

1. 数据挖掘的主要任务是从数据中发现潜在的规则，从而能更好地完成描述数据、预测数据等任务。(　　)
2. 数据挖掘的目标不在于数据采集策略，而在于对于已经存在的数据进行模式的发掘。(　　)
3. 数据取样时，除了要求严格把关质量外，还要求抽样数据必须在足够范围内有代表性。(　　)
4. 离群点可以是合法的数据对象或者值。(　　)

5. 对遗漏数据的处理方法主要有：忽略该条记录，手工填补遗漏值，利用默认值填补遗漏值，利用均值填补遗漏值，利用同类别均值填补遗漏值，利用最可能的值填充遗漏值。(　　)
6. 数据规范化指将数据按比例缩放（如更换大单位），使之落入一个特定的区域（如 0 ～ 1）以提高数据挖掘效率。规范化的常用方法有：最大 – 最小规范化、零 – 均值规范化、小数定标规范化。(　　)
7. 原始业务数据来自多个数据库，它们的结构和规则可能是不同的，这将导致原始数据非常杂乱且不可用，即使在同一个数据库中，也可能存在重复的和不完整的数据信息，为了使这些数据能够符合数据挖掘的要求，提高效率并得到清晰的结果，必须进行数据的预处理。(　　)
8. 属性规约是指合并属性、删除不相关的属性，以提高数据挖掘的效率。(　　)
9. 数据分类由两步组成：第一步，建立一个聚类模型，描述指定的数据类集或概念集；第二步，使用模型进行分类。(　　)
10. 决策树方法通常用于关联规则挖掘。(　　)
11. Apriori 算法是一种典型的关联规则挖掘算法。(　　)
12. 关联规则挖掘过程是发现满足最小支持度的所有项集代表的规则。(　　)
13. 回归分析通常用于挖掘关联规则。(　　)
14. 具有较高的支持度的项集具有较高的置信度。(　　)
15. 在聚类分析当中，簇内的相似性越大，簇间的差别越大，聚类的效果就越差。(　　)
16. 如果一个对象不属于任何簇，那么该对象是基于聚类的离群点。(　　)
17. *K*- 均值是一种产生划分聚类的基于密度的聚类算法，簇的个数由算法自动地确定。(　　)
18. 分类和回归都可用于预测，分类的输出是离散的类别值，而回归的输出是连续数值。(　　)
19. 具有较高的支持度的项集具有较高的置信度。(　　)
20. 关联规则挖掘过程是发现满足最小支持度的所有项集代表的规则。(　　)

第 9 章　计算机新技术

单选题

1. 物联网的定义是通过________等信息传感设备，按约定的协议，把任何物品与互联网相连接，进行信息交换和通信，以实现物品的智能化识别、定位、追踪、监控和管理的一种网络。

   A. 射频识别　　B. 红外感应器

   C. 全球定位系统和激光扫描　　D. 以上都是

2. 云计算可以理解为把计算资源都放到________上。

   A. 对等网　　B. 因特网　　C. 广域网　　D. 无线网

3. SaaS 是________的简称。

   A. 软件即服务　　B. 平台即服务　　C. 基础设施即服务　　D. 硬件即服务

4 云计算是对________技术的发展与运用。

   A. 并行计算　　B. 网格计算　　C. 分布式计算　　D. 以上都是

5. 某同学经常借助在线翻译阅读英文资料，这是应用了人工智能技术中的________。

   A. 机器证明　　B. 机器翻译　　C. 模式识别　　D. 专家系统

6. 以下应用中不适应模式识别的是________。

   A. 指纹识别　　B. 人脸识别　　C. 图像扫描　　D. 手写输入

7. 下列关于语音识别技术的说法中，错误的是________。

   A. 语音技术中的关键是语音识别和语音合成

   B. 语音识别技术应用了人工智能技术

   C. 多媒体技术就是语音技术

   D. 语音识别就是使计算机能识别声音

8. 在飞行员培训中，会使用计算机模拟飞行训练。这种形式主要应用的技术是________。

   A. 网格计算　　B. 网络技术　　C. 虚拟现实　　D. 智能化社区

9. AlphaGo 战胜人类选手的奥秘是 AlphaGo 应用了________人工智能技术。

   A. 机器学习　　B. 模式识别　　C. 智能代理　　D. 可计算认知结构

10. LBS（基于位置的服务）是移动互联网和电子商务的热门发展领域，使用这种服务时需要对移动设备进行定位，LBSS 主要采用的定位技术是________。

    A. GPS 定位　　B. 激光定位　　C. 红外定位　　D. 蓝牙定位

习题参考答案

第 1 章　绪论

一、单选题

1. C　2. B　3. B　4. C　5. C　6. B　7. C　8. B　9. C
10. E　11. C　12. E　13. D　14. A　15. D　16. C　17. D　18. A
19. C　20. A

二、多选题

1. ABCD　2. ABC　3. ABCDE　4. ABD
5. ABCD　6. ABC　7. ABCD　8. ABCD

三、填空题

1. 问题求解　2. 龙芯　3. 抽象　4. 硅 /Si　5. 计算思维

四、判断题

1. 错　2. 错　3. 错　4. 对　5. 对　6. 对　7. 对　8. 错

第 2 章　计算基础

一、单选题

1. A　2. D　3. C　4. B　5. D　6. D　7. A　8. B　9. A
10. A　11. D　12. C　13. C　14. B　15. A　16. A　17. A　18. D
19. D　20. D　21. C　22. D　23. C　24. A　25. A　26. A　27. C
28. D　29. A　30. A　31. C　32. C　33. C　34. A　35. B　36. A
37. C　38. C　39. C　40. C　41. D　42. D　43. D　44. D　45. D

二、多选题

1. ABCD　2. ABC　3. AB　4. AB　5. BD
6. ABD　7. AB　8. AC　9. ABCE　10. ABC

三、填空题

1. 1　2. 1001111　3. 10000010
4. 1001　5. 位　6. 11100111，10011000，10011001
7. 3630，5650，D6D0　8. 01000001，65　9. 501.56，141.B9
10. 0.623　11. 1024　12. 1024
13. 1024　14. 8　15. 二
16. 10101110　17. 1　18. 正
19. 01100001　20. 01000010

四、判断题

1. 对　2. 对　3. 对　4. 对　5. 对　6. 错　7. 对　8. 错　9. 对　10. 错

第3章　计算平台

一、单选题

1. C　2. A　3. B　4. C　5. A　6. A　7. C　8. D　9. D
10. D　11. A　12. D　13. C　14. D　15. A　16. C　17. D　18. D
19. B　20. A　21. D　22. C　23. C　24. A　25. C　26. D　27. D
28. B　29. B　30. A　31. A　32. C　33. A　34. A　35. C　36. A
37. C　38. B　39. B　40. A

二、多选题

1. ABD　2. AD　3. ABCD　4. ABCD　5. AB
6. ABC　7. BCD　8. BCD　9. ABC　10. BCD
11. ACD　12. BC　13. ABC　14. ABD　15. ABCD
16. ABC　17. BC

三、填空题

1. BIOS　2. 系统总线　3. 16　4. 自由　5. 串行
6. 操作系统　7. 线程　8. 操作码　9. 串行　10. 网卡

四、判断题

1. 错　2. 对　3. 错　4. 错　5. 对　6. 错　7. 对　8. 错　9. 对

10. 对 11. 对 12. 对 13. 错 14. 错 15. 错 16. 错 17. 对 18. 对
19. 对 20. 对

第4章 算法及程序设计

一、单选题

1. C 2. D 3. C 4. C 5. C 6. A 7. B 8. A 9. B
10. D 11. A 12. B 13. B 14. B 15. C 16. B 17. A 18. D
19. B 20. B 21. B 22. A 23. A 24. A 25. A 26. D 27. D
28. B 29. C 30. C 31. B 32. D 33. C 34. A 35. C 36. B
37. C 38. D 39. C 40. B

二、多选题

1. ABC 2. ABC 3. AC 4. ABC 5. BC
6. BD 7. ABC 8. ABC 9. BCD 10. ABC

三、填空题

1. y=x^3 2. n mod 2=0 3. $s=3.14\times r^2$ 4. max=a，c>max，max=c
5. $f=n\times f(n-1)$，$f=1$

四、判断题

1. 错 2. 对 3. 错 4. 对 5. 对 6. 错 7. 错 8. 对 9. 对 10. 对

第5章 计算机网络基础

一、单选题

1. D 2. B 3. B 4. A 5. B 6. B 7. B 8. C 9. A
10. A 11. B 12. D 13. B 14. D 15. D 16. C 17. B 18. A
19. B 20. D 21. D 22. A 23. E 24. D 25. D 26. A 27. B
28. C 29. A 30. D 31. D 32. E 33. E 34. D 35. C 36. D
37. D 38. B 39. A 40. B

二、多选题

1. AC 2. AB 3. ABC 4. ABCDEF 5. ABCD
6. ABCD 7. BC 8. ABCD 9. AD 10. ABD

三、填空题

1. 同轴电缆　2. gov　3. 网络钓鱼　4. 软件　5. 2
6. 6　7. ipconfig　8. 没有　9. 2　10. 20.12.123

四、判断题

1. 错　2. 对　3. 对　4. 对　5. 对　6. 错　7. 错　8. 错　9. 对　10. 错

第6章　数据库技术基础

一、单选题

1. D　2. B　3. B　4. C　5. B　6. A　7. B　8. D　9. B
10. C　11. B　12. C　13. D　14. A　15. D　16. A　17. A　18. D
19. B　20. C　21. B　22. B　23. D　24. B　25. B　26. B　27. A
28. B　29. A　30. D

二、多选题

1. ABD　2. ABCD　3. CD　4. ABC　5. ABCD
6. ABD　7. ABCD　8. ABC　9. ABC　10. AC

三、填空题

1. 概念　2. 数据　3. 属性　4. 矩形，椭圆
5. 关系模型　6. 候选码　7. 实体　8. 域
9. 笛卡儿积　10. CREATE TABLE

四、判断题

1. 对　2. 错　3. 错　4. 错　5. 错　6. 对　7. 错　8. 错　9. 对　10. 对

第7章　逻辑思维与逻辑推理

一、单选题

1. C　2. C　3. D　4. A　5. C　6. D　7. A　8. D　9. B
10. C　11. D　12. B　13. C　14. B　15. C　16. C　17. B　18. C
19. B　20. B

二、多选题

1. BD 2. BC 3. ABD 4. CD 5. BD
6. ABD 7. AD 8. ABD 9. AC 10. AC

三、填空题

1. $\neg P \wedge \neg Q$ 或 $\neg(P \vee Q)$ 2. 1 3. 0 4. 0 5. 1
6. 陈述 7. $P \wedge Q$ 8. $P \to \neg Q$ 9. 永真 10. 永假

四、判断题

1. 错 2. 错 3. 对 4. 错 5. 错 6. 对 7. 错 8. 对 9. 对 10. 错

五、逻辑推理题

1. 罪犯推断

（1）结论命题符号化。

结论 1：$\neg A$

结论 2：$C \to B$

结论 3：$\neg C \to D$

结论 4：$A \vee \neg B$

（2）真值表如下：

只有一人是罪犯				结论 1	结论 2	结论 3	结论 4
A	B	C	D	$\neg A$	$C \to B$	$\neg C \to D$	$A \vee \neg B$
0	0	0	1	1	1	1	1
0	0	1	0	1	0	1	1
0	1	0	0	1	1	0	0
1	0	0	0	0	1	0	1

（3）由于必须满足四个结论，所有只有结果真值为 1 的一组正确，即 A、B、C 为假，D 为真。因此，D 是罪犯。

2. 将军射箭

（1）猜测命题符号化。

张将军猜测：$(\neg P \wedge R) \vee (P \wedge \neg R)$

王将军猜测：$\neg T$

李将军猜测：$\neg S \to Q$

赵将军猜测：$\neg Q \wedge \neg S$ 或 $\neg S \wedge \neg Q$ 或 $\neg(Q \vee S)$ 或 $\neg(S \vee Q)$

钱将军猜测：$\neg P \wedge \neg R$ 或 $\neg R \wedge \neg P$ 或 $\neg(P \vee R)$ 或 $\neg(R \vee P)$

（2）真值表如下：

只有一人射中					张猜测	王猜测	李猜测	赵猜测	钱猜测
P	Q	R	S	T	$(\neg P \wedge R) \vee (P \wedge \neg R)$	$\neg T$	$\neg S \to Q$	$\neg Q \wedge \neg S$	$\neg P \wedge \neg R$
0	0	0	0	1	0	0	0	1	1

（续）

只有一人射中					张猜测	王猜测	李猜测	赵猜测	钱猜测
0	0	0	1	0	0	1	1	0	1
0	0	1	0	0	1	1	0	1	0
0	1	0	0	0	0	1	1	0	1
1	0	0	0	0	1	1	0	1	0

（3）由于有两人的猜测是正确的，所以出现两次真值为 1 的为正确结果，即 P、Q、R、S 为假，T 为真。因此，鹿是钱将军射中的。

3. 刑侦调查

（1）断言命题符号化。

甲：$\neg P$

乙：$P \vee Q$ 或 $Q \vee P$

丙：$Q \to \neg P$ 或 $\neg Q \vee \neg P$

丁：$P \wedge Q$ 或 $Q \wedge P$

（2）真值表如下：

凶手		甲	乙	丙	丁
P	Q	$\neg P$	$P \vee Q$	$Q \to \neg P$	$P \wedge Q$
0	0	1	0	1	0
0	1	1	1	1	0
1	0	0	1	1	0
1	1	0	1	0	1

（3）由于只有一个刑侦员的断言为假，所以出现 1 次真值为 0 的为正确结果，即 P 为假、Q 为真。因此，李是凶手。

4. 值班问题

（1）结论命题符号化。

结论 1：$\neg P \vee \neg Q$

结论 2：$\neg P \to \neg Q$

结论 3：$Q \wedge R$

结论 4：$\neg P$

（2）真值表如下：

值班情况			结论 1	结论 2	结论 3	结论 4
P	Q	R	$\neg P \vee \neg Q$	$\neg P \to \neg Q$	$Q \wedge R$	$\neg P$
0	0	0	1	1	0	1
0	0	1	1	1	0	1
0	1	0	1	0	0	1
0	1	1	1	0	1	1
1	0	0	1	1	0	0
1	0	1	1	1	0	0
1	1	0	0	1	0	0
1	1	1	0	1	1	0

（3）由于只有一个结论为真，所以 P 和 Q 为真，R 为假的那组是正确的，即小王和小李去值班，小林不去。

5. 派遣方案

（1）条件命题符号化。

条件 1：$(\neg P \wedge Q) \vee (P \wedge \neg Q)$

条件 2：$R \rightarrow S$

条件 3：$\neg(Q \wedge S)$

条件 4：$\neg S \rightarrow \neg P$

（2）真值表如下：

派遣方案				条件 1	条件 2	条件 3	条件 4
P	Q	R	S	$(\neg P \wedge Q) \vee (P \wedge \neg Q)$	$R \rightarrow S$	$\neg(Q \wedge S)$	$\neg S \rightarrow \neg P$
0	0	1	1	0	1	1	1
0	1	0	1	1	1	0	1
1	0	0	1	1	1	1	1
0	1	1	0	1	0	1	1
1	0	1	0	1	0	1	0
1	1	0	0	0	1	1	0

（3）由于只能派两个人去参加围棋比赛，且满足上述四个条件，所以，只有 P 和 S 为真的那一组是正确的。因此，派陈一和李四参加。

6. 马特斯杯

（1）预测命题符号化。

赵教授预测：$\neg P \wedge \neg Q$

钱教授预测：$\neg P \wedge R$

孙教授预测：$\neg R \wedge P$

（2）真值表如下：

马特斯杯			赵教授预测	钱教授预测	孙教授预测
P	Q	R	$\neg P \wedge \neg Q$	$\neg P \wedge R$	$\neg R \wedge P$
0	0	1	1	1	0
0	1	0	0	0	0
1	0	0	0	0	1

（3）从真值表可以看出，只有第三组数据满足条件，孙教授判断都正确，冠军为清华大学队。进一步分析，赵教授预测 $\neg P=0$（错），$\neg Q=1$（对），即一对一错，钱教授预测 $\neg P=0$（错），$R=0$（错），两个都判断错误。

7. 辩论选拔

（1）条件命题符号化。

条件 1：$A \vee C$

条件 2：$B \vee E$

条件 3：$\neg(C \wedge B) \wedge \neg(E \wedge B)$

（2）真值表如下：

选拔方案						条件 1	条件 2	条件 3
A	B	C	D	E	F	$A \vee C$	$B \vee E$	$\neg(C \wedge B) \wedge \neg(E \wedge B)$
0	0	1	1	0	1	1	0	1
0	1	0	1	0	1	0	1	1
0	1	1	0	0	1	1	1	0
0	1	1	1	0	0	1	1	0
1	0	0	1	0	1	1	0	1
1	0	1	0	0	1	1	0	1
1	0	1	1	0	0	1	0	1
1	1	0	0	0	1	1	1	1
1	1	0	1	0	0	1	1	1
1	1	1	0	0	0	1	1	0

（3）从真值表可以看出：应该选拔 A、B、F 参赛或 A、B、D 参赛。

8. 编辑排版

（1）条件命题符号化。

条件 1：$A \rightarrow (\neg B \wedge F)$

条件 2：$(C \vee E) \rightarrow \neg D$

条件 3：$\neg C \rightarrow \neg F$

（2）真值表如下：

录用方案						条件 1	条件 2	条件 3
A	B	C	D	E	F	$A \rightarrow (\neg B \wedge F)$	$(C \vee E) \rightarrow \neg D$	$\neg C \rightarrow \neg F$
1	0	0	1	1	1	1	0	0
1	0	1	0	1	1	1	1	1
1	0	1	1	0	1	1	0	1
1	0	1	1	1	0	0	0	1
1	1	0	0	1	1	0	1	0
1	1	0	1	0	1	0	1	0
1	1	0	1	1	0	0	0	1
1	1	1	0	0	1	0	1	1
1	1	1	0	1	0	0	1	1
1	1	1	1	0	0	0	0	1

（3）从真值表可以看出，应该录用 A、C、E、F 论文，而 B 和 D 论文不被录用。

9. 侦探调查

（1）结论命题符号化。

结论 1：$P \rightarrow Q$

结论 2：$\neg(Q \wedge R)$ 或 $\neg Q \vee \neg R$

结论 3：$\neg(\neg R \wedge \neg S)$ 或 $R \vee S$

结论 4：$S \rightarrow \neg Q$

（2）真值表如下：

证人				结论 1	结论 2	结论 3	结论 4
P	Q	R	S	$P \to Q$	$\neg(Q \wedge R)$	$\neg(\neg R \wedge \neg S)$	$S \to \neg Q$
0	0	1	1	1	1	1	1
0	1	0	1	1	1	1	0
0	1	1	0	1	0	1	1
1	0	0	1	0	1	1	1
1	0	1	0	0	1	1	1
1	1	0	0	1	1	0	1

（3）从真值表可以看出，园丁和杂役说的是真话，男管家和厨师说的是假话。

10. 电路连通

（1）条件命题符号化。

条件 1：$W \to X$

条件 2：$\neg T \to \neg S$

条件 3：$\neg(T \wedge X) \wedge \neg(\neg T \wedge \neg X)$ 或 $\neg(T \wedge X) \wedge (T \vee X)$ 或 $(\neg T \vee \neg X) \wedge (T \vee X)$

条件 4：$(X \wedge Z) \to W$

（2）真值表如下：

连通方案						条件 1	条件 2	条件 3	条件 4
S	T	W	X	Y	Z	$W \to X$	$\neg T \to \neg S$	$\neg(T \wedge X) \wedge \neg(\neg T \wedge \neg X)$	$(X \wedge Z) \to W$
1	0	0	1	1	1	1	0	1	0
1	0	1	0	1	1	0	0	0	1
1	0	1	1	0	1	1	0	1	1
1	1	0	0	1	1	1	1	1	1
1	1	0	1	0	1	1	1	0	0
1	1	1	0	0	1	0	1	1	1

（3）从真值表可以看出 S、T、Y 和 Z 开关连通，W 和 X 开关断开。

第 8 章　数据挖掘基础

一、单选题

1. D　2. C　3. C　4. B　5. B
6. D　7. C　8. C　9. C　10. A

二、多选题

1. ABC　2. AD　3. ABCDE　4. ABC　5. ABCDE
6. ABCD　7. ABCD　8. AB　9. AB　10. BD

三、填空题

1. 15　2. 15　3. 1　4. Car，Bus，Train　5. 3

四、判断题

1. 对　2. 对　3. 对　4. 对　5. 对　6. 对　7. 对　8. 对　9. 错
10. 错　11. 对　12. 错　13. 错　14. 错　15. 错　16. 对　17. 错　18. 对
19. 错　20. 错

第9章　计算机新技术

单选题

1. D　2. B　3. A　4. D　5. B
6. C　7. C　8. C　9. A　10. A

参 考 文 献

[1] 吕橙，万珊珊，邱李华，等 . 计算思维导论实验与习题指导 [M]. 北京：机械工业出版社，2019.

[2] 李昊 . 程序设计算法与实践 [M]. 北京：科学出版社，2023.

[3] 梁树军，周开来 . 计算机网络组建与管理标准教程：实战微课版 [M]. 北京：清华大学出版社，2021.

[4] 赵明渊 . MySQL 数据库技术与应用 [M]. 北京：清华大学出版社，2021.

[5] 阿加沃尔 . 数据挖掘：原理与实践：基础篇 [M]. 王晓阳，王建勇，禹晓辉，等译 . 北京：机械工业出版社，2020.

推荐阅读

计算思维导论（第2版）

作者：万珊珊 吕橙 郭志强 李敏杰 张昱 编著　书号：978-7-111-73469-7　定价：69.00元

全面揭秘神奇的0/1世界，深度解析计算机系统，细致探究算法本质，构建信息获取、存储和处理思维体系，洞悉数据分析和数据挖掘的数学理论，形成基于计算思维的高阶思维能力。

针对普通院校非计算机专业学生的特点和定位，从培养学生建立计算思维理论体系、促进计算思维与各专业思维交叉融合的角度出发，编制适合非计算机专业学生的计算思维导论教材是非常必要和有意义的。

本书阐述计算思维的本质，以知识引领、价值塑造、学科渗透、专业融入和思维拓展为目的，使学生具备扎实的计算机学科认知，能够高效地获取、管理和分析数据，形成计算思维与工程思维、数学思维、逻辑思维和人工智能思维融合的复合型思维，最终具备对专业问题和复杂问题进行综合分析、准确判断、科学决策、和主动创新的能力。

本书编著团队教授的“计算思维导论”课程荣获北京高校课程思政示范课程、北京高校“优质本科课程”，编著的《计算思维导论》教材荣获北京高校“优质本科教材”。

为了便于教师使用本教材和方便学生学习，本书配有电子教案和实验指导书等教学资料，供师生使用。

推荐阅读

新编计算机科学概论（第2版）

作者：蔡敏 刘艺 吴英 等编著

ISBN：978-7-111-71816-1 定价：69.00元

数据结构：抽象建模、实现与应用

作者：孙涵 黄元元 高航 秦小麟 编著

ISBN：978-7-111-64820-8 定价：49.00元

算法设计与分析（第2版）

作者：黄宇 编著 ISBN：978-7-111-65723-1 定价：59.00元

Linux系统应用与开发教程（第4版）

作者：刘海燕 荆涛 主编 王子强 武卉明 杨健康 周睿 编著

ISBN：978-7-111-65536-7 定价：69.00元

软件需求工程

作者：梁正平 毋国庆 袁梦霆 李勇华 编著

ISBN：978-7-111-66947-0 定价：59.00元

编译方法导论

作者：史涯晴 贺汛 编著

ISBN：978-7-111-67421-4 定价：59.00元

推荐阅读

从问题到程序：C/C++程序设计基础

作者：裘宗燕 李安邦 编著

ISBN：978-7-111-72426-1 定价：69.00元

程序设计教程：用C++语言编程（第4版）

作者：陈家骏 郑滔 编著

ISBN：978-7-111-71697-6 定价：69.00元

程序设计实践教程：Python语言版

作者：苏小红 孙承杰 李东 等编著

ISBN：978-7-111-69654-4 定价：59.00元

数据结构与算法：Python语言描述（第2版）

作者：裘宗燕 编著

ISBN：978-7-111-69425-0 定价：79.00元

网络工程设计教程：系统集成方法（第4版）

作者：陈鸣 李兵 雷磊 编著

ISBN：978-7-111-69479-3 定价：79.00元

智能图像处理：Python和OpenCV实现

作者：赵云龙 葛广英 编著

ISBN：978-7-111-69403-8 定价：79.00元